中国林业出版社

# 规划设计

2013 建筑 + 表现
⑦ 北京吉典博图文化传播有限公司

V

中国林业出版社

**图书在版编目（CIP）数据**

2013 建筑＋表现．5，规划设计 ／ 北京吉典博图文化传播有限公司编．
—— 北京 ：中国林业出版社，2013.5
ISBN 978-7-5038-6997-6

Ⅰ．① 2… Ⅱ．①北… Ⅲ．①城市规划－建筑设计－中国－图集 Ⅳ．① TU206 ② TU984.2-64

中国版本图书馆 CIP 数据核字 (2013) 第 055073 号

主　　编：李　壮
副 主 编：李　秀
艺术指导：陈　利
编　　写：徐琳琳　　卢亚男　　谢　静　　梅　非　　王　超　　吕聘聘　　汤　阳
　　　　　林　贺　　王明明　　马翠平　　蔡洋阳　　姜雪洁　　王　惠　　王　莹
　　　　　石薛杰　　杨　丹　　李一茹　　程　琳　　李　奔
组　　稿：胡亚凤
设计制作：张　宇　　马天时　　王伟光

中国林业出版社·建筑与家居出版中心
责任编辑：成海沛、李　顺
出版咨询：（010）83228906

出　版：中国林业出版社（100009 北京西城区德内大街刘海胡同 7 号）
印　刷：北京利丰雅高长城印刷有限公司
发　行：新华书店北京发行所
电　话：（010）8322 3051
版　次：2013 年 5 月　第 1 版
印　次：2013 年 5 月　第 1 次
开　本：635mm×965mm，1/16
印　张：21
字　数：200 千字
定　价：350.00 元

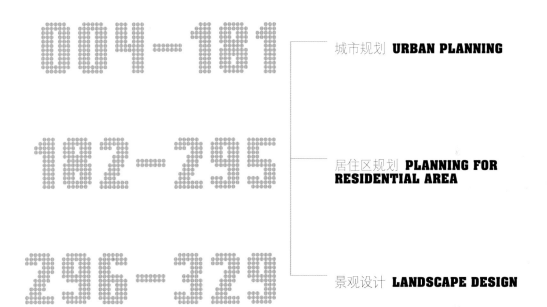
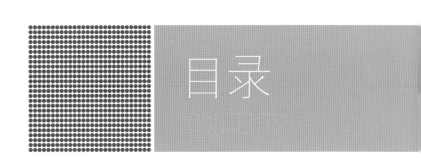

目录

004-181

规划设计
PLANNING DESIGN
2013 建筑 + 表现

城市规划
URBAN PLANNING

2

**1 2 3 天津 CBD 规划**

设计：BIG
绘制：丝路数码技术有限公司

**4 天津 CBD 规划**

设计：BIG
绘制：丝路数码技术有限公司

1 2 3 4 5 6 岱山城市设计

设计：丹山规划建筑设计研究院
绘制：杭州骏翔广告有限公司

**1 2 3 4 5 6 大溪规划**

设计：华中科技大城市规划设计研究院
绘制：武汉擎天建筑设计咨询有限公司

1 2 3 4 5 嘉兴市秀洲北部湿地规划

绘制：上海携客数字科技有限公司

**1 2 3** 詹店新区规划

设计：泛华建设集团有限公司
绘制：河南灵度建筑景观设计咨询有限公司

**1** **2** **3** **4** **5** 七都岛规划

设计：温州城市规划设计研究院
绘制：温州焕彩传媒

1 2 3 天空之城规划

设计：北京荣盛暴程建筑设计有限公司
绘制：北京回形针图像设计有限公司

1

3

**1** 叶挺红色旅游核心区详细设计

　　设计: 雅克设计有限公司深圳分公司
　　绘制: 深圳尚景源设计咨询有限公司

**2** 宣城城市规划

　　设计: 安徽省规划设计研究院
　　绘制: 合肥 T 平方建筑表现

**3** 武清美国城规划

　　设计: 天津大学建筑学院
　　绘制: 天津天砚建筑设计咨询有限公司

**1 2 3 4** 常德西城水恋二期规划

设计：美国佩吉（深圳）有限公司
绘制：深圳瀚方数码图像设计有限公司

**1 2 3 4 大西部某规划**

设计：广州大学成都分院
绘制：东莞市天海图文设计

**5 宁波市江北地块规划**

设计：本末建筑
绘制：宁波芒果树图像设计有限公司

**1 2 3** 抚顺某地块商业规划

设计：辽宁省城乡建设规划设计院建筑一所
绘制：沈阳帧帝三维建筑艺术有限公司

**4 5 6** 金算盘规划

绘制：成都亿点数码艺术设计有限公司

3

**1 2** 广州某商业区规划

绘制：北京意格建筑设计有限公司

**3 4** 金塘规划

设计：浙江建筑设计院
绘制：上海艺筑图文设计有限公司

4

1 2 某航空港规划

设计：上海 PRC 建筑咨询有限公司
绘制：上海瑞丝数字科技有限公司

3 华强辽宁营口规划设计方案

设计：OUR（HK）设计事务所
绘制：深圳市长空永恒数字科技有限公司

**2** **3** 前海华强总部规划

设计：OUR（HK）设计事务所
绘制：深圳市长空永恒数字科技有限公司

**1 4** 山东广饶汽车城规划
设计：中外建
绘制：上海赫智建筑设计有限公司

**2 3** 内蒙古元福规划
设计：SYN建设设计事务所
绘制：北京映像社稷数字科技

**5** 昌东工业区 CBD 概念性规划
设计：江西省建筑设计研究院
绘制：南昌浩瀚数字科技有限公司

**1 2 3 4** 临沂健康中心城规划

设计：美国佩肯（深圳）有限公司
绘制：深圳瀚方数码图像设计有限公司

**1 2** 贵阳某规划
设计：广东省设计院
绘制：深圳市水木数码影像科技有限公司

**3 4 5** 华宇现代规划
绘制：成都亿点数码艺术设计有限公司

4

**1 2** 贵阳某规划

设计：广东省设计院
绘制：深圳市水木数码影像科技有限公司

**3 4 5** 华宇现代规划

绘制：成都亿点数码艺术设计有限公司

4

5

3

4

1 2 3 4 5 某规划
　　设计：北京正东　田林
　　绘制：成都市浩瀚图像设计有限公司

**1** 成都某规划

设计：北京易兰建筑规划设计有限公司
绘制：北京图道影视多媒体技术有限责任公司

**2** **3** 峨眉某规划

设计：成都诺杰建筑设计咨询有限公司
绘制：成都上润图文设计制作有限公司

**1 华强石家庄城市广场规划**

设计：OUR（HK）设计事务所
绘制：深圳市长空永恒数字科技有限公司

**2 洛阳市牡丹城规划**

设计：机械工业第四设计研究院
绘制：洛阳张涵数码影像技术开发有限公司

**3 华强郑州高新区大学科技园概念规划与设计**

设计：OUR（HK）设计事务所
绘制：深圳市长空永恒数字科技有限公司

**4 蚌埠某商业区规划**

设计：上海九源建筑设计有限公司
绘制：上海翼觉建筑设计咨询有限公司

**5 大丰规划**

设计：上海唯筑建筑设计有限公司
绘制：上海翼觉建筑设计咨询有限公司

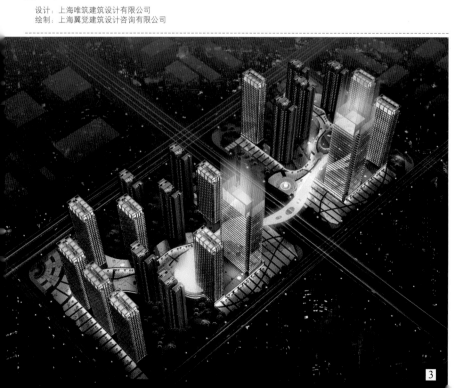

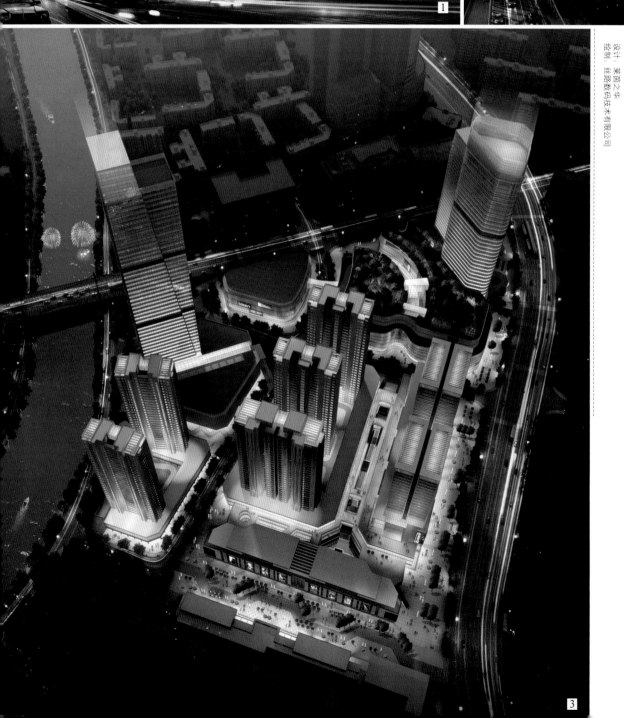

1 2 3 4 广化桥地块规划

绘制：江苏印象乾图数字科技有限公司

5 安阳规划

设计：京华置业

绘制：丝路数码技术有限公司

6 常山规划

设计：莱茵之华

绘制：丝路数码技术有限公司

4

5

6

**1 2 3 柳东新区规划**

设计：美国佩肯（深圳）有限公司
绘制：深圳瀚方数码图像设计有限公司

**4 广西某规划**

绘制：丝路数码技术有限公司

**1** 吉林长白山某规划

绘制：上海携客数字科技有限公司

**2 3 4** 新乡规划

设计：中科院建筑设计研究院有限公司
绘制：河南灵度建筑景观设计咨询有限公司

**1 2 3 外滩某规划**

绘制：上海今尚数码科技有限公司

1

2

1 2 某 CBD 中心规划
设计：赵工设计事务所
绘制：上海冰杉信息科技有限公司

3 4 5 福州红坊创意园规划
设计：上海水石国际
绘制：上海瑞丝数字科技有限公司

3

4

5

**1 2 3** 呼和浩特如意总部基地

设计：圣帝国际建筑工程有限公司
绘制：北京力天华盛建筑设计咨询有限责任公司

**4** 某规划

设计：上海尧舜
绘制：合肥市包河区徽源图文设计工作室

**5** 某规划

绘制：宁波筑景

**1** 溧阳旧城规划
设计：常州市规划院
绘制：江苏印象乾图数字科技有限公司

**2** 绿塔路规划
设计：上海米丈建筑设计有限公司
绘制：杭州博凡数码影像设计有限公司

**3** 阳光丽园规划
设计：房产
绘制：宁波筑景

**4** 长沙斑马湖城市设计
设计：GHD
绘制：北京图道影视多媒体技术有限责任公司

1

2

1 重庆机电城规划
　设计：上海第九设计研究院　王后军
　绘制：上海谦和建筑设计有限公司

2 大鹏第三工业区城市规划方案一
　设计：深圳市同济人建筑设计有限公司
　绘制：深圳市原创力数码影像设计有限公司

3 4 大鹏第三工业区城市规划方案二
　设计：深圳市同济人建筑设计有限公司
　绘制：深圳市原创力数码影像设计有限公司

1 | 2 峨眉某商业规划
设计：范晓东
绘制：成都市浩瀚图像设计有限公司

3 | 4 | 5 | 6 东部新城规划
设计：宁波市城建设计研究院
绘制：宁波筑景

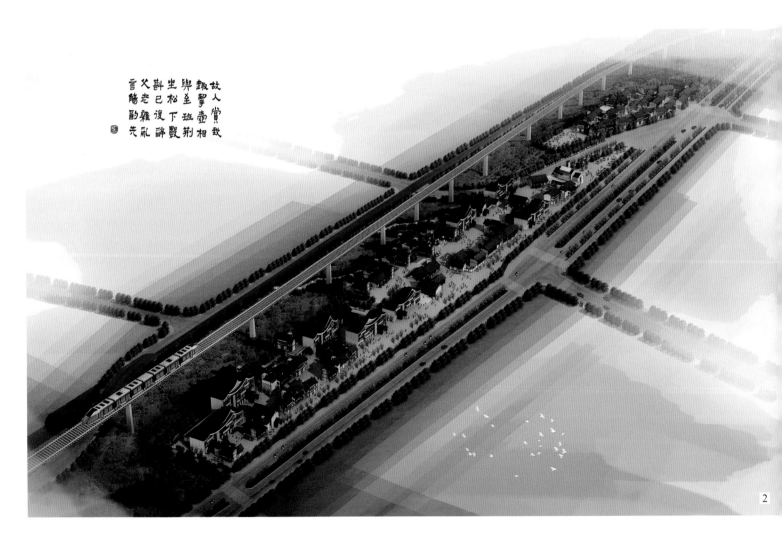

1 沈阳帝华北岸新城概念性规划

设计：青岛腾远设计事务所有限公司
绘制：丝路数码技术有限公司

2 3 江西九江封缸酒厂规划

设计：中国轻工国际工程设计院
绘制：北京华洋逸光建筑设计咨询顾问有限公司

1 2 3 4 厦门某综合体规划

设计：深圳市博万建筑设计有限公司
绘制：深圳市深白数码影像设计有限公司

设计：深圳市博万建筑设计有限公司
绘制：深圳市深白数码影像设计有限公司

3

4

4

**1** 金海国际规划

设计：北京易兰建筑规划设计有限公司
绘制：北京图道影视多媒体技术有限责任公司

**2** 金山岭规划

设计：柏诚
绘制：丝路数码技术有限公司

**3** **4** 谢家村规划

设计：江西省建筑设计研究院
绘制：南昌浩瀚数字科技有限公司

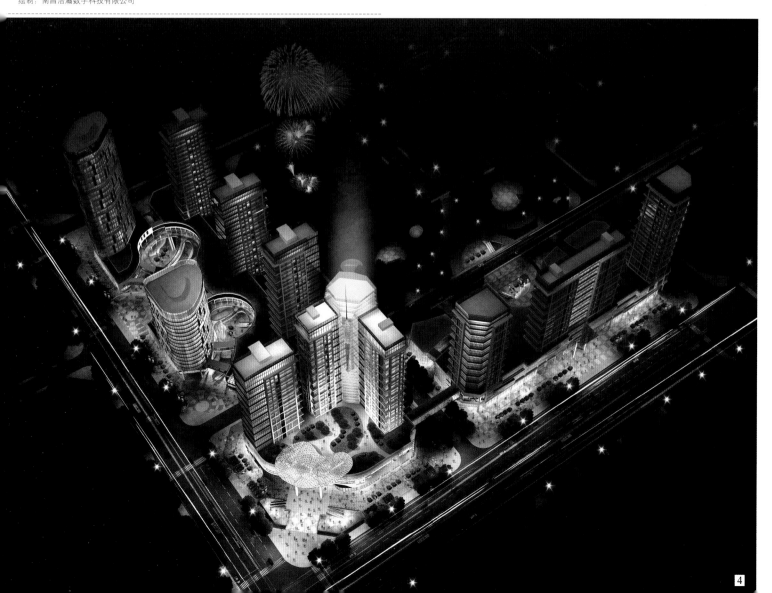

**1 2 3 甘荫塘片区整体规划**

绘制：上海赫智建筑设计有限公司

**4 湖南长沙规划**

设计：杭州市建筑设计研究院有限公司
绘制：杭州潘多拉数字科技有限公司

**5 九寨沟规划**

设计：溪地国际（原中建国际）
绘制：深圳市千尺数字图像设计有限公司

4

5

1 2 3 4 5 北塔钢材市场规划

设计：沈阳市华域建筑设计有限公司
绘制：沈阳帝三维建筑艺术有限公司

1

2

**1 2 哈尔滨华南城规划**

设计：同济大学设计研究院南昌分院
绘制：南昌浩瀚数字科技有限公司

**3 4 临海规划**

设计：南京九筑行建筑设计顾问有限公司
绘制：高方

**5 某规划**

绘制：武汉市自由数字科技有限公司

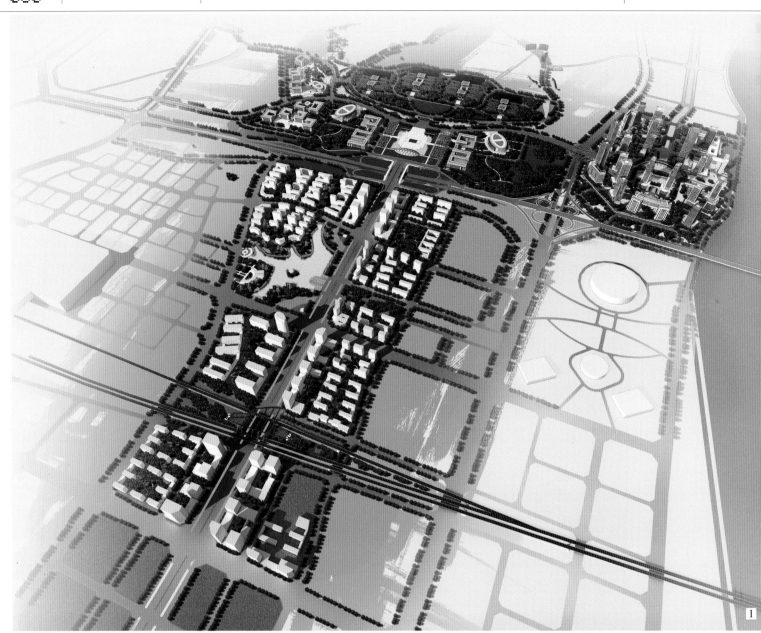

**九龙湖规划**
设计：江西省建筑设计研究院
绘制：南昌浩瀚数字科技有限公司

**鹤壁市南海路南片区城市设计**
设计：徐国亮
绘制：河南灵度建筑景观设计咨询有限公司

**2 合肥某规划**
绘制：合肥三立效果图（森筑图文）

**4 大溪第三块地规划**
设计：华中科技大城市规划设计研究院
绘制：武汉擎天建筑设计咨询有限公司

3

4

**1 2 3 4** 三角州总部基地规划

设计：上海伯致设计有限公司
绘制：上海艺筑图文设计有限公司

1

1

1 2 3 九街十八巷规划

绘制：深圳市一凡数字影像有限公司

4 5 溧阳燕山新区城市规划

设计：上海交大院　韩垠屏
绘制：上海谦和建筑设计有限公司

1

2

3

**1** 南昌规划
设计：溪地国际（原中建国际）
绘制：深圳市千尺数字图像设计有限公司

**2** 石城城市设计规划
设计：江西省建筑设计研究院
绘制：南昌浩瀚数字科技有限公司

**3 4 5 6** 亿丰时代广场整体规划
设计：kajima corporation 日本鹿岛建设（咨询）有限公司
绘制：沈阳帧帝三维建筑艺术有限公司

**1** 安徽砀山某规划

　　绘制：上海携客数字科技有限公司

**2** 百步亭 k5 项目规划

　　设计：中信建筑设计研究总院有限公司
　　绘制：武汉擎天建筑设计咨询有限公司

**3** 阿城规划

　　设计：哈尔滨工业大学城市规划设计研究院
　　绘制：黑龙江省日盛设计有限公司

**4** 某规划

　　设计：大连华东设计研究院
　　绘制：大连景熙建筑绘画设计有限公司

3

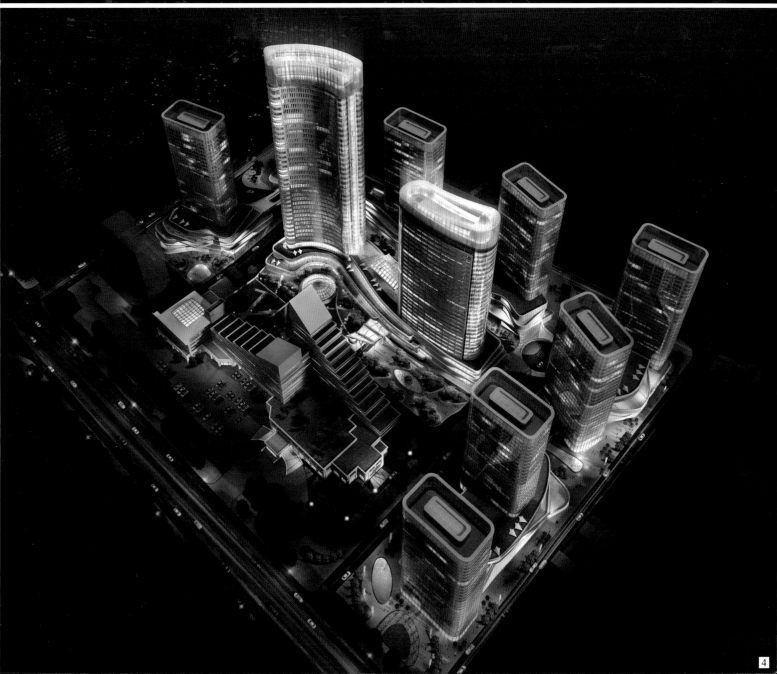

4

1 安阳市太元规划钢花路节点透视
设计：邹益耀
绘制：河南灵度建筑景观设计咨询有限公司

2 大连某规划
设计：维克兰顿
绘制：深圳市方圆筑影数字科技有限公司

3 江心洲规划
设计：南大规划院
绘制：丝路数码技术有限公司

4 某规划
设计：上海翼览建筑设计咨询有限公司
绘制：上海翼览建筑设计咨询有限公司

5 某规划
设计：哈尔滨工业大学城市规划设计研究院
绘制：黑龙江省日盛设计有限公司

1

2

2 3 4 四川某旧区改造规划
绘制：上海摄客数字科技有限公司

1 2 海南福斯特园区规划
设计：上海同为建筑设计有限公司
绘制：杭州潘多拉数字科技有限公司

3 4 绿辰规划
设计：某建筑设计事务所
绘制：北京力天华盛建筑设计咨询有限责任公司

**1 2 3** 绿地常德规划

设计：中联程泰宁建筑设计研究院
绘制：上海艺筑图文设计有限公司

1

1 2 连云港徐圩规划
设计：SYN 建设设计事务所
绘制：北京映像社稷数字科技

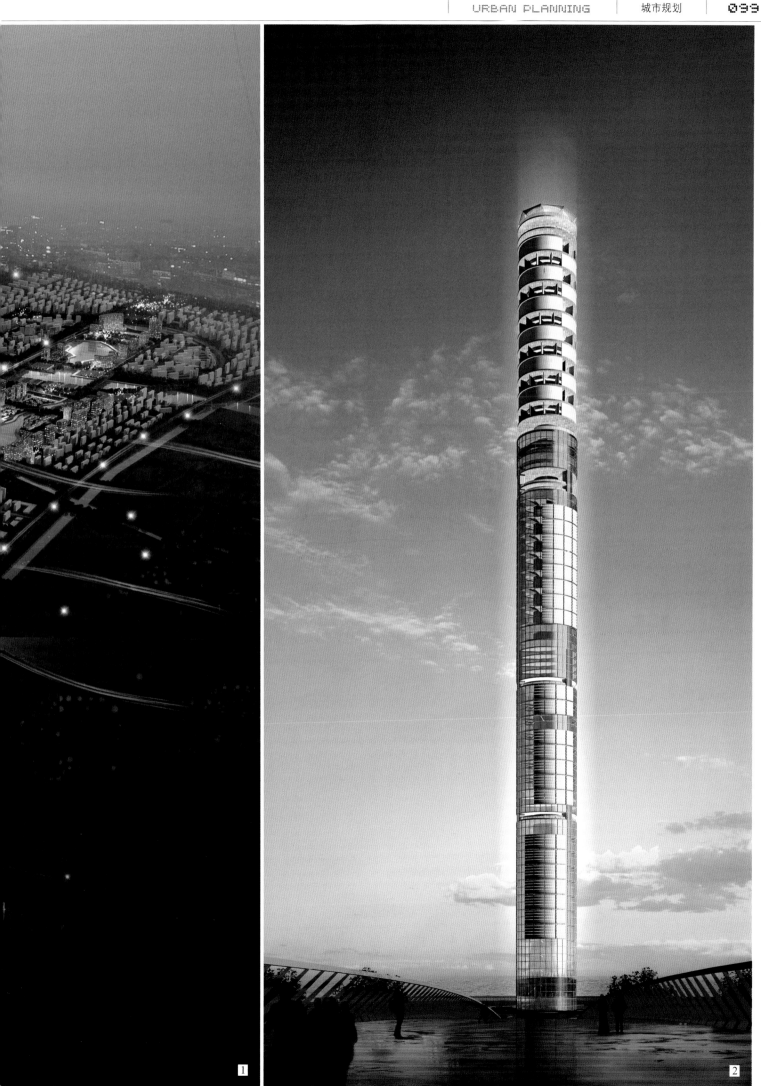

1 2 某海边公建规划

设计：北京晓普建筑设计咨询有限公司

绘制：杭州博凡数码影像设计有限公司

3 4 5 6 汉江两岸规划

绘制：武汉市自由数字科技有限公司

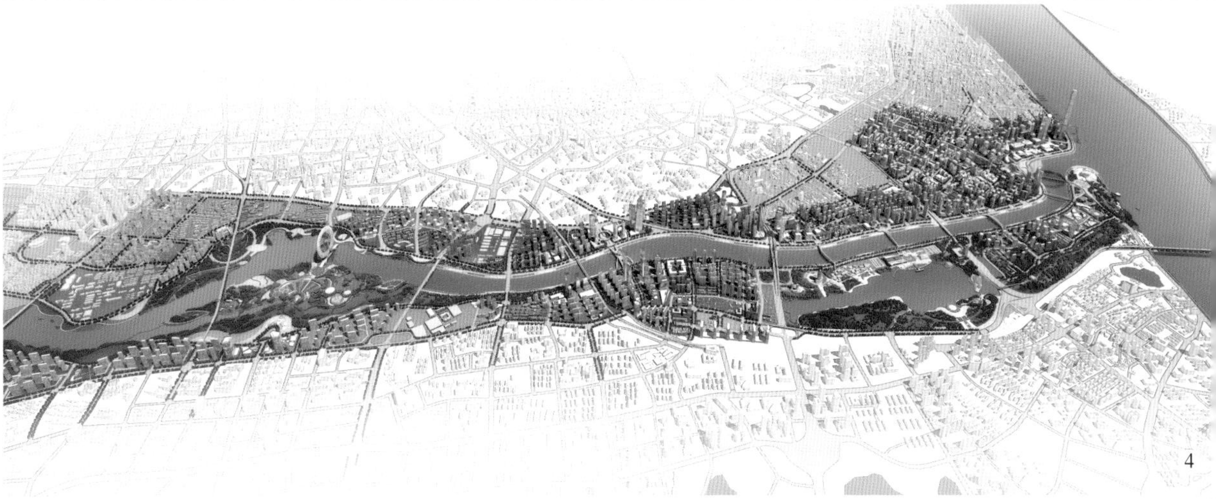

4

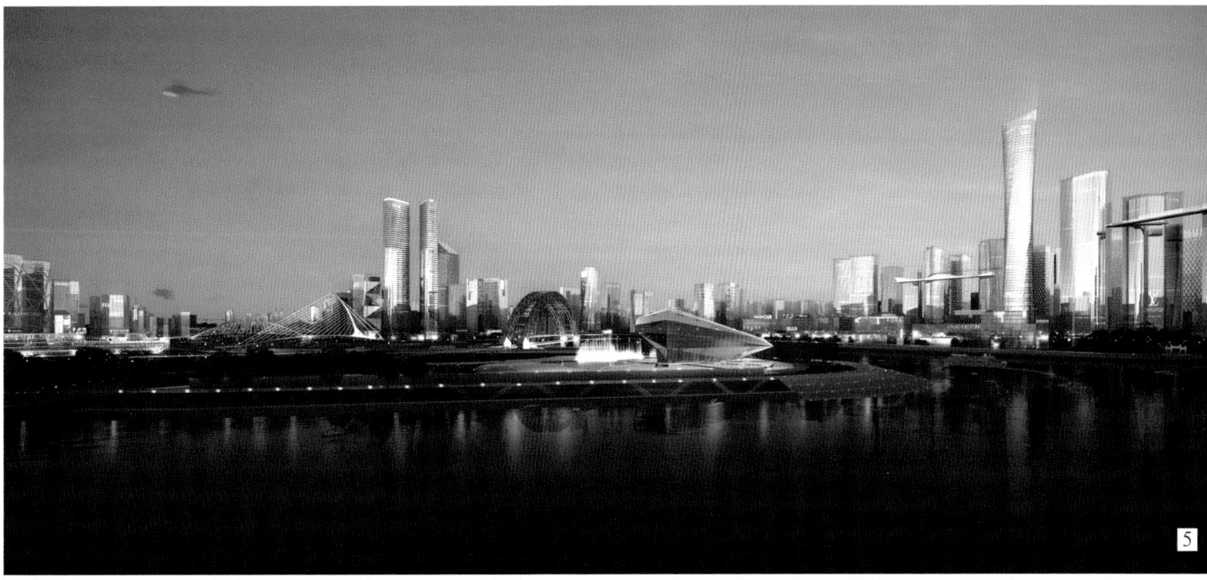

5

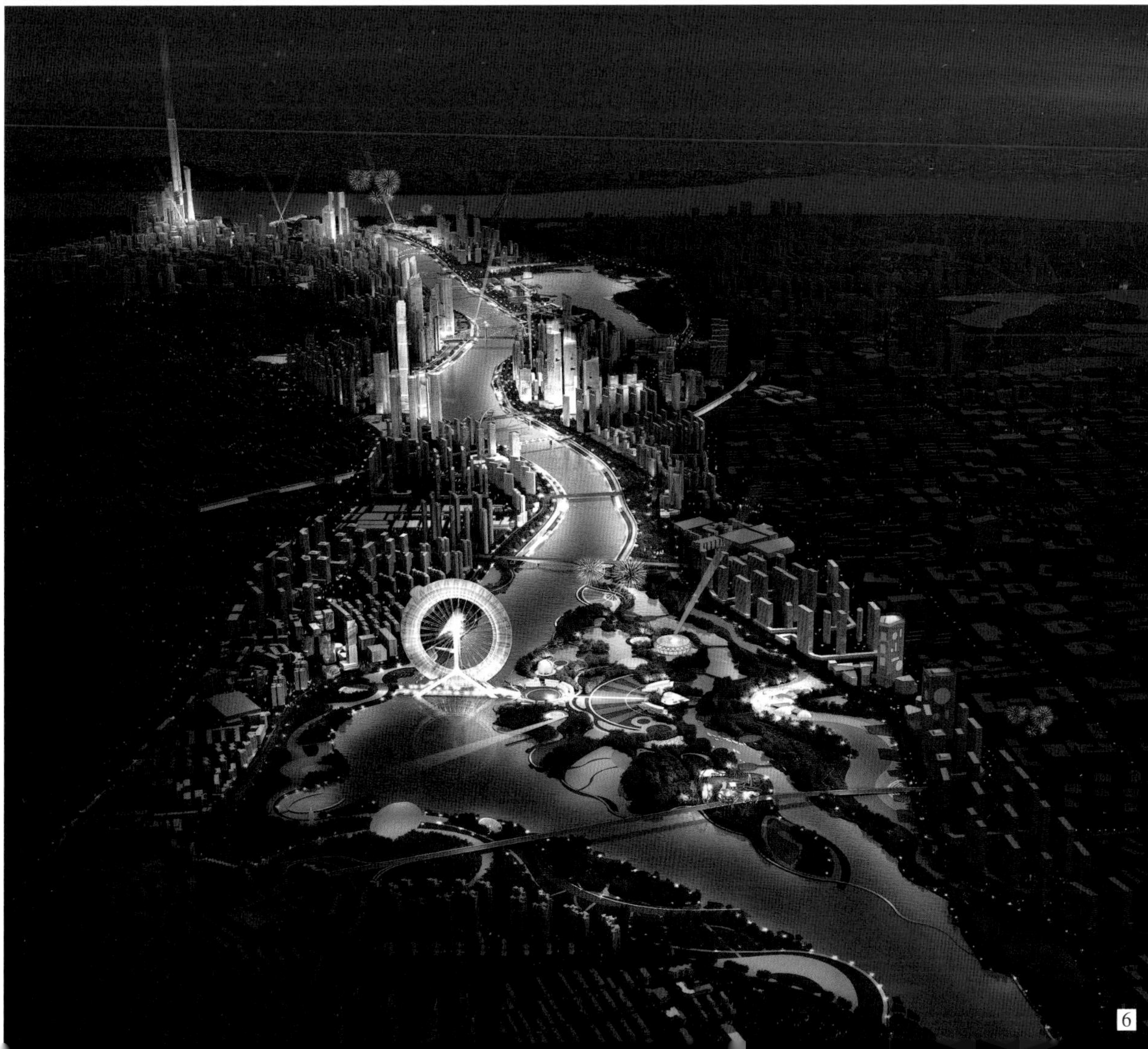

6

**1** 上海虹口某地块规划

绘制：上海携客数字科技有限公司

**2** 某规划

绘制：北京尚图数字科技有限公司

**4** 石羊规划

设计：虎啸
绘制：成都市浩瀚图像设计有限公司

**4** 鹤壁市商贸物流园区城市设计

设计：深圳大学规划设计院
绘制：深圳市原创力数码影像设计有限公司

**4** 华城博众新城规划

绘制：武汉市自由数字科技有限公司

3

4

5

**1** 常州 CBD 规划

设计：泛太平洋设计与发展有限公司

绘制：上海艺筑图文设计有限公司

**2** 某汽车城规划

设计：沈阳市华域建筑设计有限公司

绘制：沈阳帝三维建筑艺术有限公司

**3 4 5** 自贡科技新区规划

设计：华森建筑设计咨询有限公司

绘制：深圳筑之源数字科技有限公司

**1** 某规划

　　绘制：重庆瑞泰平面设计有限公司

**2** 某规划

　　设计：西南建筑设计研究院五所
　　绘制：成都星图数码　陈禹　汪坤元

**3** 明德门遗址规划

　　设计：吴迪
　　绘制：西安创景建筑景观设计有限公司

**4** 宁波市门户区规划

　　设计：宁波市规划设计研究院
　　绘制：宁波芒果树图像设计有限公司

**5** 某石油地块规划

　　设计：舟山规划建筑设计研究院
　　绘制：杭州骏翔广告有限公司

**1** 某规划
绘制：宁波筑景

**2** 南京汤山规划
设计：港中旅房地产深圳公司
绘制：深圳市千尺数字图像设计有限公司

**3** 彭水县城市规划
设计：AQSO 建筑事务所
绘制：杭州博凡数码影像设计有限公司

**4** 沈阳巨宝规划
设计：阿特金斯
绘制：丝路数码技术有限公司

1

2

1 2 天北 3 期规划
设计：上海创霖建筑规划设计有限公司
绘制：上海日盛 & 南宁日易盛设计有限公司

3 马来西亚其其规划
设计：思邦建筑设计咨询（上海）有限公司
绘制：杭州博凡数码影像设计有限公司

**1 2 3 4 5 6** 茉莉花酒店区域规划

设计：标高建筑设计事务所
绘制：上海日盛 & 南宁日易盛设计有限公司

**1 2 某地块规划**

设计：宁波市规划设计研究院
绘制：宁波芒果树图像设计有限公司

**3 4 嘉兴西塘概念设计**

绘制：上海携客数字科技有限公司

**5 海口某规划**

设计：思邦建筑设计咨询（上海）有限公司
绘制：杭州博凡数码影像设计有限公司

**1** 某规划

绘制：宁波筑景

**2** 某规划

设计：博地澜屋
绘制：北京尚图数字科技有限公司

**3** 长宁道规划

设计：唐山市规划编制研究中心
绘制：天津天砚建筑设计咨询有限公司

**4** 某规划

绘制：北京尚图数字科技有限公司

**5** 湖南新化体育新城概念规划

设计：深圳市鑫中建建筑设计顾问有限公司
绘制：深圳市长空永恒数字科技有限公司

设计：江西省建筑设计研究院
绘制：南昌浩瀚数字科技有限公司

5

6

**1** 某汽车广场规划

设计：贵阳市建筑设计院有限公司
绘制：深圳尚景源设计咨询有限公司

**3** 攀枝花福建仙游规划

绘制：成都上润图文设计制作有限公司

**2** 潘集控规

设计：安徽省城乡规划院
绘制：合肥三立效果图（森筑图文）

**4 5 6** 上海航天局桂林路地块规划

绘制：上海携客数字科技有限公司

3

4

5

6

1 上海航天局桂林路地块规划
绘制：上海携客数字科技有限公司

2 3 中青创项目规划
设计：中国联合工程公司
绘制：杭州博凡数码影像设计有限公司

3

1 2 石家庄天滋平安小区改造规划
设计：天津大学建筑学院
绘制：天津天砚建筑设计咨询有限公司

3 4 沈阳某规划
设计：LWK（HK）
绘制：深圳市水木数码影像科技有限公司

1

2

2 沈阳某规划
设计：LWK(HK)
绘制：深圳市水木数码影像科技有限公司

3 4 深圳盐田中轴线项目规划
设计：思邦建筑设计咨询（上海）有限公司
绘制：杭州博凡数码影像设计有限公司

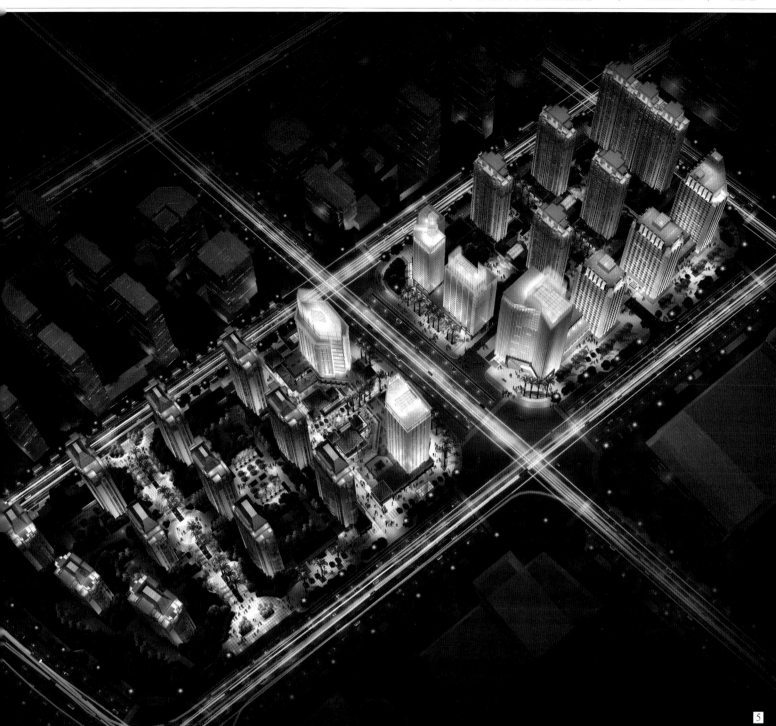

5

■ ■ 三诺规划
设计：深圳市宝安建筑设计院
绘制：深圳市原创力数码影像设计有限公司

■ ■ ■ 泉州某规划
设计：上海众鑫建筑设计研究院
绘制：上海域言建筑设计咨询有限公司

**1** 襄阳水镜湖规划

设计：艾肯联合
绘制：丝路数码技术有限公司

**2** 宜昌葛洲坝旅游规划

设计：AKOM 深圳分公司
绘制：深圳市千尺数字图像设计有限公司

**3** 西宁某规划

设计：上海鼎实建筑设计有限公司
绘制：上海艺筑图文设计有限公司

**4** 中联科技园规划

设计：上海鼎实建筑设计有限公司
绘制：上海艺筑图文设计有限公司

襄阳水镜湖规划

设计：艾肯联合
绘制：丝路数码技术有限公司

中联科技园规划

**1 2 青浦商业区规划**
设计：上海水石国际
绘制：上海瑞丝数字科技有限公司

**4 南京海峡两岸科技工业园中期规划**
设计：国外某建筑设计单位
绘制：北京图道影视多媒体技术有限责任公司

**3 龙虬庄规划**
设计：南京九筑行建筑设计顾问有限公司
绘制：高方

**1** 上栗县城南部片区城市设计

设计：深圳市新城市规划建筑设计有限公司
绘制：深圳市深白数码影像设计有限公司

**3** 高邮湖规划

设计：上海翼觉建筑设计咨询有限公司
绘制：上海翼觉建筑设计咨询有限公司

**2** 苏州越溪时代商务广场规划

设计：合室
绘制：丝路数码技术有限公司

**4** 某规划

绘制：北京尚图数字科技有限公司

**1 某校园规划**

设计：绿城设计院
绘制：上海赫智建筑设计有限公司

**2 某规划**

设计：深圳大学规划设计院
绘制：深圳市原创力数码影像设计有限公司

**3 内蒙某厂区规划**

设计：北京某建筑设计事务所
绘制：西安鼎凡数字科技有限公司

**4 威海某规划**

设计：笛东联合（北京）
绘制：北京尚图数字科技有限公司

**1** 天汇城规划

设计：广州市合作建筑规划设计有限公司
绘制：丝路数码技术有限公司

**3** **4** 惠安规划

绘制：慧同（上海）视觉艺术设计有限公司

**2** 镇海综合体规划

绘制：上海今尚数码科技有限公司

**5** 宁海城市设计

设计：上海新明堂建筑设计有限公司
绘制：上海艺筑图文设计有限公司

1 2 大庆新华科技园规划

绘制：上海携客数字科技有限公司

3 4 南京某规划

设计：南京九筑行建筑设计顾问有限公司
绘制：高方

**1 2 某总部基地规划**

设计：中国建筑西南建筑设计研究院有限公司　冯坤
绘制：成都市浩瀚图像设计有限公司

**3 西山湖景德镇规划**

设计：上海 PRC 建筑咨询有限公司
绘制：上海瑞丝数字科技有限公司

**4 鹰潭城市设计**

绘制：杭州弧引数字科技有限公司

3

4

**1** 天津某规划

　　绘制：上海携客数字科技有限公司

**3** 贵港规划

　　绘制：宁波筑景

**2** 厦门某规划

　　绘制：北京图道影视多媒体技术有限责任公司

**4** 南昌供电公司新基地概念性规划

　　设计：同济大学设计研究院南昌分院
　　绘制：南昌浩瀚数字科技有限公司

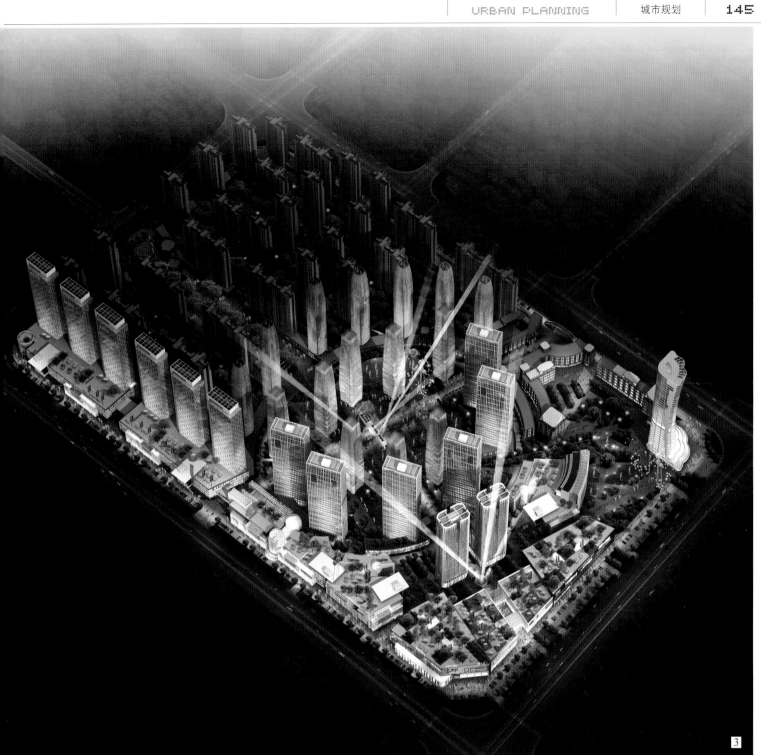

3

4

1 邯郸某规划
设计：加十
绘制：丝路数码技术有限公司

3 苏州某概念规划
设计：上海必雅
绘制：上海瑞丝数字科技有限公司

5 深圳市永新工业区升级改造规划
设计：香港华艺建筑设计
绘制：深圳市木水数码影像科技有限公司

2 头灶城市设计
设计：东大
绘制：丝路数码技术有限公司

4 某规划
绘制：宁波筑景

**1** 广州某办公区规划

绘制：北京意格建筑设计有限公司

**2** 苏州晋合广场规划

设计：晋合置业
绘制：丝路数码技术有限公司

**3** 永勤路规划项目

设计：上海米丈建筑设计有限公司
绘制：杭州博凡数码影像设计有限公司

3

1 2 3 4 永勤路规划项目

设计：上海米丈建筑设计有限公司
绘制：杭州博凡数码影像设计有限公司

5 四环路某规划

设计：同济规划院九所
绘制：上海日盛 & 南宁日易盛设计有限公司

1 2 四川某规划
绘制：北京图道影视多媒体技术有限责任公司

3 4 5 四环路南侧城市设计
设计：同济规划院九所
绘制：上海日盛 & 南宁日易盛设计有限公司

**1 某家具厂规划**

设计：北京国科天创设计院南昌分院
绘制：南昌浩瀚数字科技有限公司

**2 某省政府规划**

设计：江西省建筑设计研究院
绘制：南昌浩瀚数字科技有限公司

**3 某规划**

设计：西南建筑设计研究院五所
绘制：成都星图数码　陈禹　汪坤元

**4 大连某规划**

绘制：天津天砚建筑设计咨询有限公司

3

4

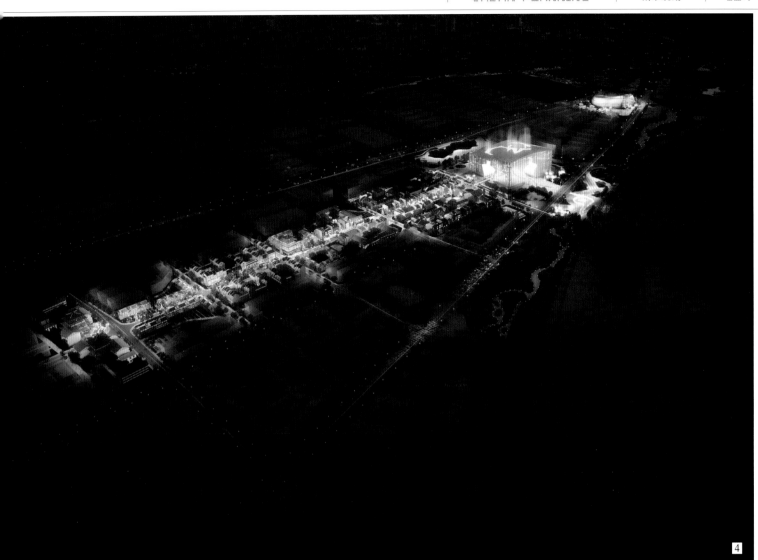

■1 ■2 ■3 大连龙湖天街规划
设计：cinc design 美国西恩建筑设计咨询有限公司
绘制：重庆光头建筑表现

■4 ■5 ■6 四川沱牌规划
设计：北京奥兰斯特建筑工程设计有限责任公司
绘制：北京图道影视多媒体技术有限责任公司

1 2 潍坊某规划
设计：北京易兰建筑规划设计有限公司
绘制：北京图道影视多媒体技术有限责任公司

3 4 伊拉克规划
设计：意大利迈丘设计事务所
绘制：深圳市迷白数码影像设计有限公司

5 印度规划投标
设计：华森建筑设计咨询有限公司
绘制：深圳筑之源数字科技有限公司

1 2 3 武汉四新综合商业项目规划
绘制: 上海博客数字科技有限公司

4 5 6 武汉桥口某综合规划
绘制: 上海博客数字科技有限公司

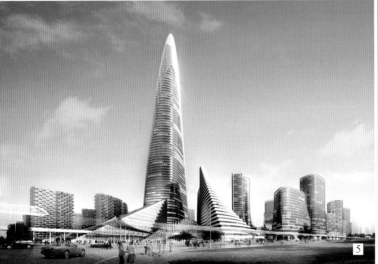

1️⃣ 2️⃣ 巫山规划

设计：香港贝利
绘制：深圳市深白数码影像设计有限公司

4️⃣ 5️⃣ 太湖某规划

设计：上海众鑫建筑设计研究院
绘制：上海域言建筑设计咨询有限公司

3️⃣ 天北 2 期规划

设计：上海创霖建筑规划设计有限公司
绘制：上海日盛 & 南宁日易盛设计有限公司

3

4

5

3

**1 烟台 CBD 规划**
设计：上海水石国际
绘制：上海瑞丝数字科技有限公司

**2 武汉蔡家咀规划**
设计：现代院
绘制：丝路数码技术有限公司

**3 宜宾城市规划**
设计：南京市建筑设计研究院
绘制：西安鼎凡数字科技有限公司

**4 深圳尖岗山规划**
设计：深圳市宝安规划设计院
绘制：深圳市深白数码影像设计有限公司

4

1 2 3 4 5 6 御水龙都规划

设计：宁波市城建设计研究院
绘制：宁波筑景

**1 2 长兴 Tuying 规划**

设计：德包豪斯建筑规划设计（杭州）有限公司
绘制：杭州博凡数码影像设计有限公司

**3 漳州某住宅区时代财富广场规划**

设计：深圳中航建筑设计
绘制：深圳市水木数码影像科技有限公司

1 2 3 4 云集广场规划

设计：北京正东东 田林
绘制：成都市浩瀚图像设计有限公司

5 子胥新城规划

设计：上海雅克建筑设计有限公司
绘制：上海翼览建筑设计咨询有限公司

4

5

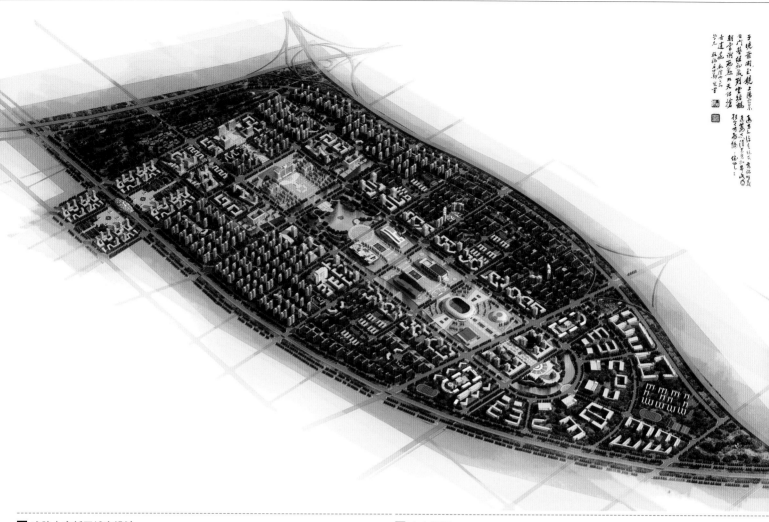

**2** 武陟木栾新区城市设计

设计：泛华建设集团有限公司
绘制：河南灵度建筑景观设计咨询有限公司

**3** 张祥行政中心规划

设计：同济大学设计研究院南昌分院
绘制：南昌浩瀚数字科技有限公司

**2** 大丰规划

设计：南京九筑行建筑设计顾问有限公司
绘制：高方

**1 2 3** 北京山后线规划项目
设计：圣帝国际建筑工程有限公司
绘制：北京力天华盛建筑设计咨询有限责任公司

**1 2 3 4 5 6** 百度科技园区规划

绘制：北京华洋逸光建筑设计咨询顾问有限公司

**1** 重庆沙堡项目规划

设计: 机械工业第六设计研究院重庆分院
绘制: 重庆瑞泰平面设计有限公司

**2** 巴马县人民礼堂规划

设计: 北京王孝雄设计有限公司成都分公司　郝江川
绘制: 成都市浩瀚图像设计有限公司

**3** 重庆某规划

设计: 建研院
绘制: 丝路数码技术有限公司

**4** 威海某规划

设计: 博地澜屋
绘制: 北京尚图数字科技有限公司

**5** 梅州规划

设计: 中国建筑设计研究院
绘制: 深圳市水木数码影像科技有限公司

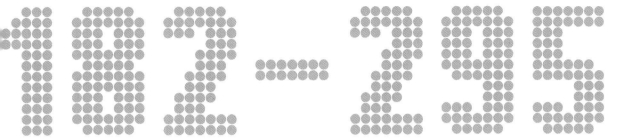

規劃設計
PLANNING DESIGN
2013 建築 + 表現

居住区规划
PLANNING FOR RESIDENTIAL AREA

**1 2 3 宁陕规划**

设计：台湾形非建筑事务所
绘制：杭州潘多拉数字科技有限公司

1 2 3 4 南通低价位住宅规划

设计：上海PRC建筑咨询有限公司
绘制：上海瑞丝数字科技有限公司

1

3

4

1 2 3 4 5 6 7 8 某住宅区规划

设计：清华苑　黄工
绘制：成都亿点数码艺术设计有限公司

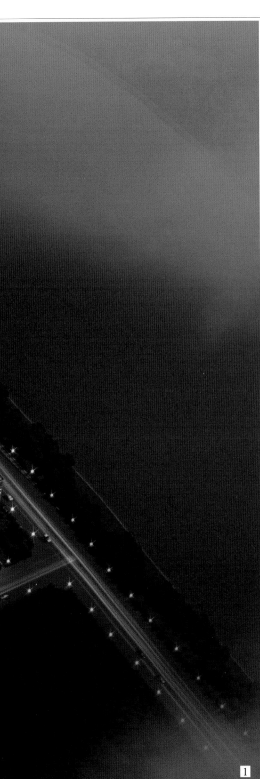

1 2 3 4 慈溪保利滨湖天地规划

设计：保利地产
绘制：杭州潘多拉数字科技有限公司

1 贵阳高地阳光规划

设计：四川山鼎建筑咨询设计有限公司　李工
绘制：成都亿点数码艺术设计有限公司

2 冠宇巴黎都市规划

绘制：杭州景尚科技有限公司

3 4 东湖新城规划

设计：上海海珠建筑设计有限公司
绘制：上海艺筑图文设计有限公司

**1** 锦州某规划
设计：上海群马建筑设计咨询有限公司
绘制：上海翼览建筑设计咨询有限公司

**2** 龙口某住宅规划
设计：ECS
绘制：上海林智建筑设计有限公司

**3** 巢湖某住宅区规划
设计：中联程泰宁建筑设计研究院
绘制：上海艺筑图文设计有限公司

**4** 贵溪某住宅区规划
设计：元道建筑设计有限公司
绘制：上海翼览建筑设计咨询有限公司

设计：曹波工作室　刘工
绘制：成都亿点数码艺术设计有限公司

3

4

5

6

7

**1 2 大丰住宅规划**
设计：胡浩
绘制：成都市浩瀚图像设计有限公司

**3 4 5 张家口某住宅区规划**
设计：圣帝国际建筑工程有限公司
绘制：北京力天华盛建筑设计咨询有限责任公司

**1** 坊子规划北地块虞河花园

设计：云翔　商工
绘制：上海赫智建筑设计有限公司

**2** **3** **4** 迩海规划

设计：藤设计　李昂　李磊　高杨　朱晨
绘制：北京回形针图像设计有限公司

3

4

**1 2 3** 东莞长虹住宅规划
设计：溪地国际（原中建国际）
绘制：深圳市千尺数字图像设计有限公司

1

2

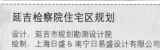
延吉检察院住宅区规划
设计：延吉市规划勘测设计院
绘制：上海日盛＆南宁日易盛设计有限公司

2 博罗横河住宅规划
设计：新城市景观建筑设计
绘制：深圳市水木数码影像科技有限公司

3 湖南永州居住区规划
设计：深圳市博万建筑设计事务所
绘制：深圳市千尺数字图像设计有限公司

1

**1** 本溪金水湾花园规划

设计：沈阳华新国际工程设计顾问有限公司
绘制：沈阳帧帝三维建筑艺术有限公司

**2** 江苏某规划

绘制：上海冰杉信息科技有限公司

**1 2 翰林府小区规划**
绘制：北京华洋逸光建筑设计咨询顾问有限公司

**3 4 5 国浩湘家荡地块规划**
设计：宏正建筑设计院
绘制：杭州景尚科技有限公司

1 2 3 4 平潭中楼住宅规划

设计：福建设计院
绘制：上海赫碧建筑设计有限公司

3

4

**1** 某住宅规划

　　设计：上海经纬设计
　　绘制：合肥市包河区徽源图文设计工作室

**2** 绍兴保利湖畔林语规划

　　设计：保利地产
　　绘制：杭州潘多拉数字科技有限公司

**3 4 5** 甘肃某居住区规划

　　绘制：成都上润图文设计制作有限公司

**1** 甘肃某居住区规划

设制：成都上润图文设计制作有限公司

**3** 海南某住宅规划

绘制：上海携客数字科技有限公司

**2** 同济指路村规划

设计：深圳市同济人建筑设计有限公司
绘制：深圳市原创力数码影像设计有限公司

**4** 沈阳蓝山墅规划

设计：沈阳原筑建筑设计有限公司
绘制：沈阳帧帝三维建筑艺术有限公司

**1** 苏州协信圆融青剑湖规划

绘制：上海今尚数码科技有限公司

**2** 美丰地块规划

设计：成都大陆建筑设计有限公司　喻浩
绘制：绵阳市瀚影数码图像设计有限公司

**3** 马鞍山某住宅区规划

设计：安徽筑远建设设计规划院
绘制：合肥三立效果图（森筑图文）

**4** 某安置区规划

设计：浙江城市空间建筑规划设计院
绘制：杭州骏翔广告有限公司

3

4

1 2 画家村规划
设计：深圳市千天数字图像设计有限公司
绘制：深圳市千天数字图像设计有限公司

4 鼎邦规划
绘制：江苏印象乾图数字科技有限公司

3 德化金龙中心规划
设计：北京工业院厦门分院　林再福
绘制：厦门众汇ONE数字科技有限公司

1 2 3 湖北襄阳某住宅区规划

设计：中建国际（CCDI）SHENZHEN
绘制：深圳市水木数码影像科技有限公司

4 某交通局地块方案设计

设计：上海光翼建筑设计有限公司
绘制：慧同（上海）视觉艺术设计有限公司

1 2 3 4 河南马辛庄某住宅区规划

绘制：上海携客数字科技有限公司

**1** 广博规划

设计：房产
绘制：宁波筑景

**2** 九江某居住区规划

设计：华纳国际
绘制：深圳市千尺数字图像设计有限公司

**3** **4** 岱山小区规划

设计：舟山规划建筑设计研究院
绘制：杭州骏翔广告有限公司

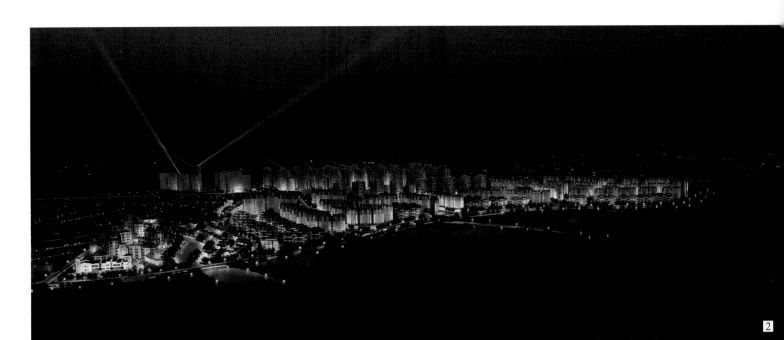

1 2 3 4 崇左规划

设计：南京九筑行建筑设计顾问有限公司
绘制：高方

**1 2 3 东城尚府规划**

绘制：成都亿点数码艺术设计有限公司

**4 海南某住宅规划**

设计：北京易兰建筑规划设计有限公司
绘制：北京图道影视多媒体技术有限责任公司

**5 海南某住宅规划**

设计：上海栖城
绘制：上海瑞丝数字科技有限公司

4

5

1 榴合小区规划
设计：谭东
绘制：上海石健巢起建筑表现

2 惠东规划
设计：深圳市物业国际建筑设计有限公司
绘制：深圳尚景源设计咨询有限公司

3 4 天洋规划
设计：思邦建筑设计咨询（上海）有限公司
绘制：杭州博凡数码影像设计有限公司

1 2 3 乐山五通桥规划

绘制：成都亿点数码艺术设计有限公司

4 5 育恩大学配套安置地块规划

绘制：温州焕彩传媒

4

5

**1 2 3 康封腾冲规划**
设计：深圳万脉建筑设计
绘制：深圳市水木数码影像科技有限公司

**1 2 鞍山帝宝御都小区规划**

设计：厦门拓维建筑设计咨询有限公司　赵文贤　黎志平　解玲玲
绘制：厦门众汇 ONE 数字科技有限公司

**3 4 本溪规划**

设计：深圳市艾奕康规划建筑设计有限公司
绘制：深圳市深白数码影像设计有限公司

1

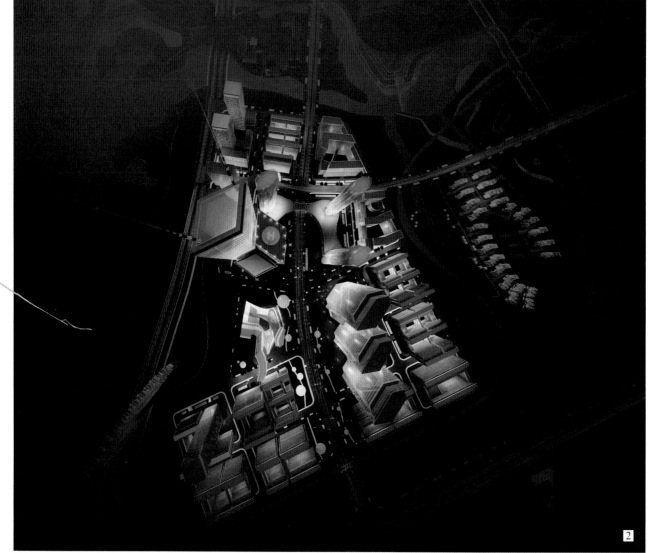

2

**1** 绿地中央广场别墅区规划

　绘制：江苏印象乾图数字科技有限公司

**2** 盘锦某住宅规划

　绘制：北京意格建筑设计有限公司

**3** 三清山规划

　设计：深圳物业国际
　绘制：深圳市千尺数字图像设计有限公司

**4** 榆林住宅区规划

　设计：深圳机械院
　绘制：深圳市水木数码影像科技有限公司

**1 2 晋江某小区规划**
设计：炎黄设计 庄齐
绘制：厦门众汇 ONE 数字科技有限公司

**3 世纪高层住宅规划**
设计：中国瑞林建筑工程技术有限公司
绘制：南昌浩瀚数字科技有限公司

**4 江苏盐城安置小区规划**
绘制：上海博客数字科技有限公司

2

**1** 某小区规划

　　绘制：北京回形针图像设计有限公司

**3** 机电公司项目小区规划

　　设计：西安建筑科技大学
　　绘制：西安创景建筑景观设计有限公司

**2** 三亚某规划

　　设计：溪地国际（原中建国际）
　　绘制：深圳市千尺数字图像设计有限公司

**4** 江苏花桥住宅规划

　　设计：上海建工设计研究院
　　绘制：上海域言建筑设计咨询有限公司

3

4

1

2

3

1 洛阳市苗南村整体改造
　设计：中机十院国际工程有限公司（洛阳分公司）
　绘制：洛阳张涵数码影像技术开发有限公司

2 某成教学院住宅区规划
　设计：美国 HOOP
　绘制：深圳市方圆筑影数字科技有限公司

3 庆丰新村规划
　设计：北京通程泛华合肥分院
　绘制：合肥唐人建筑设计有限公司

4 黄沟二期住宅规划
　设计：吴庆军
　绘制：成都市浩瀚图像设计有限公司

4

**1 2 3** 石林金方住宅区规划

设计：高德飞　杨奇
绘制：成都亿点数码艺术设计有限公司

**1 2 3** 辽阳 8 号地块规划设计

设计：沈阳华夏建筑设计有限公司
绘制：沈阳帧帝三维建筑艺术有限公司

**4 5** 莲塘保障性住房规划

设计：深圳市同济人建筑设计有限公司
绘制：深圳市原创力数码影像设计有限公司

4

5

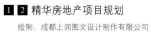 精华房地产项目规划

绘制：成都上润图文设计制作有限公司

3 4 5 6 7 缙云整流厂地块规划

设计：浙江城市空间建筑规划设计院
绘制：杭州骏翔广告有限公司

1 2 3 4 揭东某住宅区规划

绘制：深圳瀚方数码图像设计有限公司

5 6 7 吉林白城世纪盛堡规划

设计：沈阳原筑建筑设计有限公司
绘制：沈阳帧帝三维建筑艺术有限公司

1

**1** 岳阳君山桥头堡住宅区规划

设计：张栋
绘制：深圳市原创力数码影像设计有限公司

**2** 江南丽苑住宅区规划

设计：亚瑞建筑设计有限公司
绘制：深圳市原创力数码影像设计有限公司

**3** 临港配套商品房规划

设计：上海明港国际
绘制：上海瑞丝数字科技有限公司

**4** 内蒙古锡林浩特住宅区规划

设计：上海米川建筑设计事务所
绘制：上海瑞丝数字科技有限公司

2

3

4

1 世纪山水规划
设计：成都思纳史密斯建筑设计有限公司
绘制：成都上润图文设计制作有限公司

2 3 山东枣庄住宅区规划
设计：上海协宇建筑设计有限公司项 孔晓健
绘制：上海谦和建筑设计有限公司

4 5 6 沛县方案设计
设计：杭州中宇建筑设计有限公司
绘制：州焕彩传媒

**1 2 3** 绵阳文全住宅区规划

绘制：成都亿点数码艺术设计有限公司

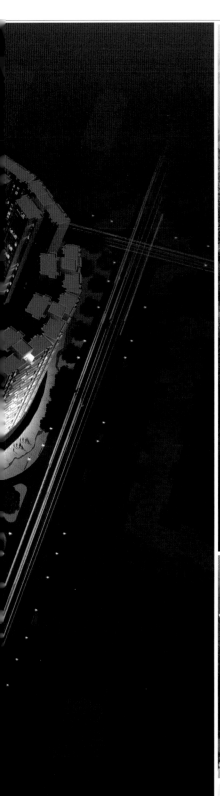

1

**1 2 3 4 绵阳文全住宅区规划**

绘制：成都亿点数码艺术设计有限公司

2

3

4

**1** 洛阳汉中住宅规划
设计：重庆巴蜀设计院
绘制：重庆光头建筑表现

**2** 龙华住宅规划
设计：广东规划院深圳分院
绘制：深圳市水木数码影像科技有限公司

**3 4** 黄金海岸住宅区规划
设计：房产
绘制：宁波筑景

5

**1 2 3 4** 成都东村 CBD 地块规划

　　绘制：上海携客数字科技有限公司

**5** 晨明集团住宅规划

　　设计：戴标
　　绘制：成都亿点数码艺术设计有限公司

**1 2 3 4 5 昌盛花园住宅区规划**

设计：中国中建设计集团有限公司一院
绘制：北京华洋逸光建筑设计咨询顾问有限公司

1

2

3

4

**2** 滨海欢乐城规划

绘制：上海赫智建筑设计有限公司

**铜牛住宅规划**

设计：方略建筑设计有限责任公司
绘制：北京图道影视多媒体技术有限责任公司

**3** 象山小区规划

设计：宁波市城建设计研究院
绘制：宁波筑景

**5 6** 百合坊规划

设计：宁大
绘制：宁波筑景

**5**

**6**

4

5

6

1 2 3 巴山碧玉山住宅规划
设计：北京正东 李翔 田林
绘制：成都市浩瀚图像设计有限公司

4 西安某住宅区规划
设计：深圳市博方建筑设计事务所
绘制：深圳市千尺数字图像设计有限公司

5 石龙溪住宅规划
绘制：成都市浩瀚图像设计有限公司

6 开投规划
设计：美国 HOOP
绘制：深圳市方圆建筑影数字科技有限公司

1 厦门某规划
设计：美国HOOP
绘制：深圳市方圆筑影数字科技有限公司

2 厦门翔安某住宅小区规划
设计：厦门合道工程设计集团有限公司
绘制：厦门众汇ONE数字科技有限公司　赵建群　李华

3 西安某高档住宅小区规划
设计：陕西省建筑科学院设计院
绘制：西安鼎凡数字科技有限公司

4
5 重庆中铁住宅区规划
设计：胡世勇
绘制：上海赫智建筑设计有限公司

3

4

5

**1 2 3** 温化地块设计

设计：杭州中宇建筑设计有限公司
绘制：温州焕彩传媒

**4 5** 潍坊某规划

设计：上海水石国际
绘制：上海瑞丝数字科技有限公司

**1 2 太原锅炉厂改造**

设计：方略设计
绘制：北京图道影视多媒体技术有限责任公司

**3 4 随州海翼地产规划方案设计**

设计：厦门合道工程设计集团有限公司　赵建群　郝博
绘制：厦门众汇 ONE 数字科技有限公司

**1** 扬州某小区规划
设计: 上海睿博建筑设计有限公司
绘制: 上海翼觉建筑设计咨询有限公司

**2** 中强规划
设计: 深圳市柏仁建筑工程设计有限公司
绘制: 深圳市图腾广告有限公司

**3** 上饶中航城规划
设计: 美国HOOP
绘制: 深圳市方圆筑影数字科技有限公司

**4** 内蒙古某住宅区规划
设计: 徐庆国
绘制: 上海赫智建筑设计有限公司

**1** **2** **3** 某小区规划

设计：清华苑　黄工
绘制：成都亿点数码艺术设计有限公司

**4** **5** **6** 民福旌城美域规划

绘制：成都亿点数码艺术设计有限公司

4

5

6

**1** 北仑安置小区规划
  设计：华展
  绘制：宁波筑景

**2** 奥古斯都住宅区规划
  设计：北京舍垣建筑设计咨询公司
  绘制：济南雅色机构

**3** 忻洲某规划
  设计：北京中社科城市与环境规划设计厦门分院　李泽云
  绘制：厦门众汇 ONE 数字科技有限公司

**4** 星河丹堤规划
  绘制：江苏印象乾图数字科技有限公司

3

4

**1** 武汉万科汉阳国际住宅规划

设计：万科
绘制：武汉擎天建筑设计咨询有限公司

**2** 潍坊某小区规划

设计：上海美筑群景建筑有限公司
绘制：上海翼觉建筑设计咨询有限公司

**3** 中航规划

设计：深圳星空大地
绘制：深圳市千尺数字图像设计有限公司

**4** 某居住区规划

绘制：重庆瑞泰平面设计有限公司

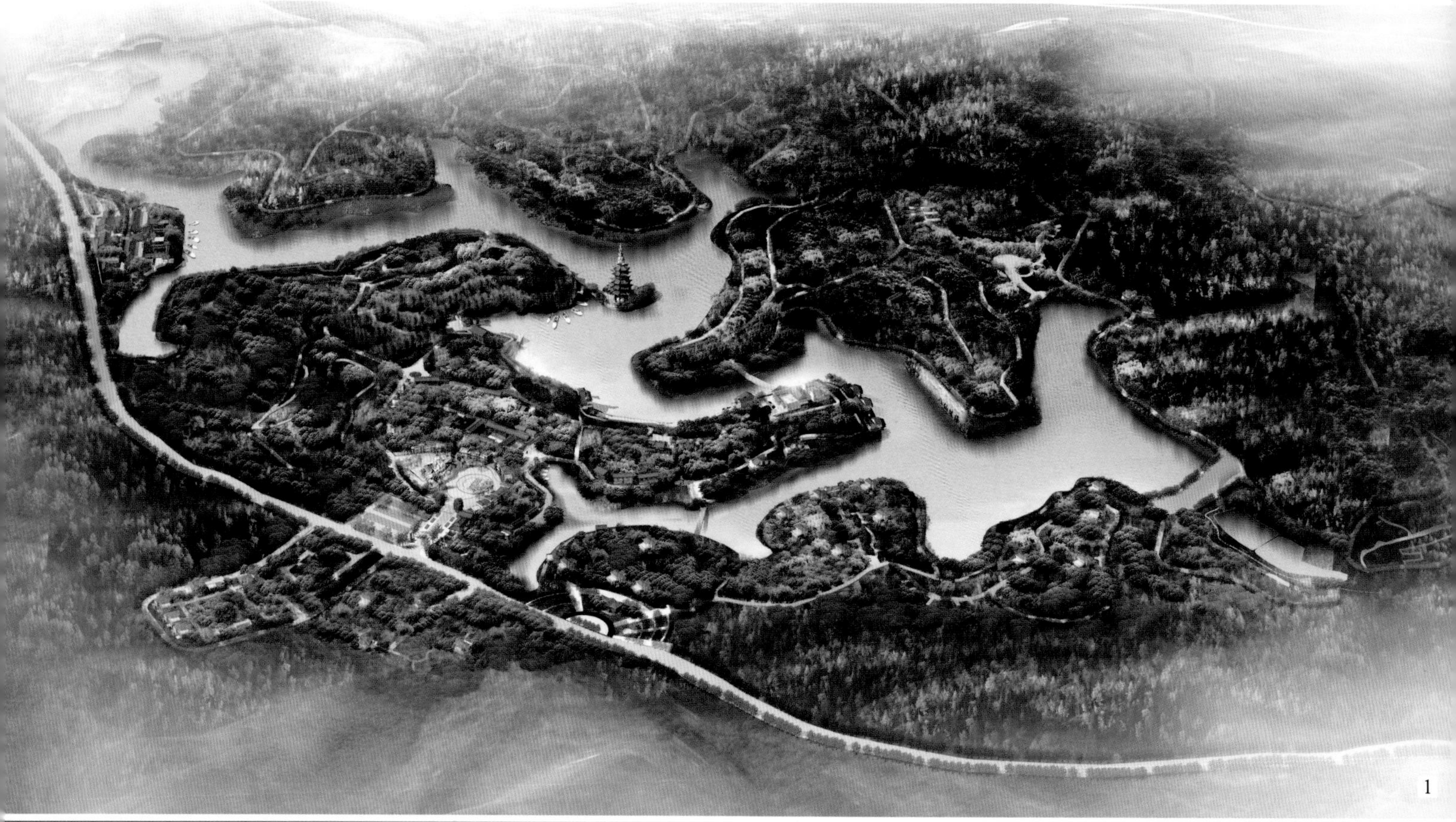

1

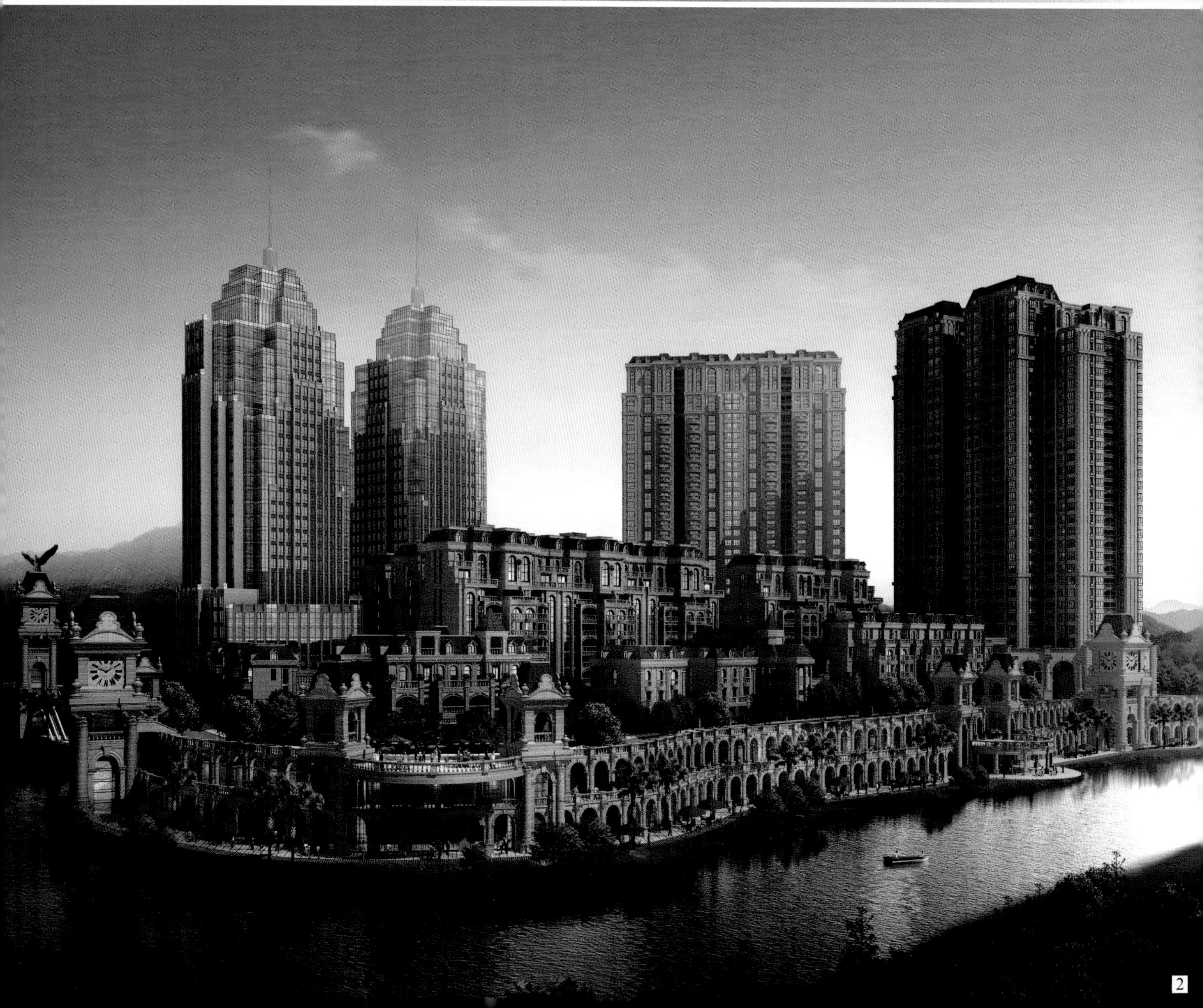

2

設計：舍筑　杨工
绘制：成都亿点数码艺术设计有限公司

**1** 置信鹭湖住宅区规划
設計：舍筑　杨工
绘制：成都亿点数码艺术设计有限公司

**2** **3** **4** **5** 遵义某小区规划
設計：香港华天国际建筑设计公司
绘制：深圳市原创力数码影像设计有限公司

1

2

3

1 2 3 一汽大众德国村规划

设计：四川国信建筑设计有限公司
绘制：成都上润图文设计制作有限公司

4 远大住宅项目规划

设计：四川国信建筑设计有限公司
绘制：成都上润图文设计制作有限公司

5 山东某酒店住宅区规划

设计：交大　盛老师
绘制：上海冰杉信息科技有限公司

4

5

1

2

**1** 厦门集美某住宅地块规划
设计：厦门合道工程设计集团有限公司　赵建群　辛华
绘制：厦门众汇 ONE 数字科技有限公司

**2** 山东潍坊兴源国际城规划
设计：云翔　毛工
绘制：上海赫智建筑设计有限公司

**3** 三亚同心家园规划
设计：北京奥兰斯特建筑工程设计有限责任公司
绘制：北京图道影视多媒体技术有限责任公司

**4** 乐清东禾紫荆花规划
绘制：温州焕彩传媒

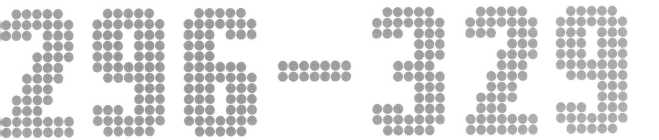

景观设计
LANDSCAPE DESIGN
2013 建筑＋表现

**1 2 虎门公园**
设计：深圳市武向兵建筑设计有限公司
绘制：深圳市深白数码影像设计有限公司

**3 北京某婚恋主题园**
绘制：上海携客数字科技有限公司

**4 某公园景观**
绘制：杭州禾本数字科技有限公司

**5 江西某公园景观**
绘制：杭州禾本数字科技有限公司

**1 2 虎门公园**
设计：深圳市武向兵建筑设计有限公司
绘制：深圳市深白数码影像设计有限公司

**4 某公园景观**
绘制：杭州禾本数字科技有限公司

**江西某公园景观**
绘制：杭州禾本数字科技有限公司

九天仙子下云中
现手把红霜肩
迎西急顶笑眼
家妙人笔为仙
人手十扁苦
德信泥中之翦
战敏去 春如石时

**1** **2** **3** 某公园景观

　　绘制：杭州禾本数字科技有限公司

**5** 堂宏渔夫村公园

　　设计：绵阳市朝阳建筑设计有限公司
　　绘制：绵阳市瀚影数码图像设计有限公司

**4** 东莞龙湾公园

　　设计：深圳市市政院建筑设计有限公司
　　绘制：深圳市深白数码影像设计有限公司

3

5

**1 2** 某公园景观

　　绘制：杭州禾本数字科技有限公司

**3** 雾凇岭景观服务区

　　设计：哈尔滨工业大学建筑学院
　　绘制：哈尔滨一方伟业文化传播有限公司

**4 5 6** 某湿地公园

　　设计：赛朴莱茵（北京）建筑规划科技有限公司上海分公司
　　绘制：上海日盛 & 南宁日易盛设计有限公司

**1** 新疆某公园景观

绘制：杭州禾本数字科技有限公司

**2** 某公园

设计：思邦建筑设计咨询（上海）有限公司
绘制：杭州博凡数码影像设计有限公司

**3** **4** 某湿地公园景观

绘制：杭州禾本数字科技有限公司

3

4

**1** 广西某滨海广场公园
　绘制：杭州禾本数字科技有限公司

**2 3** 山西孝义生态公园
　设计：苏州市规划院
　绘制：苏州蓝色河畔建筑表现设计有限公司

**4 5** 浙江温岭某公园
　绘制：杭州禾本数字科技有限公司

**6** 某公园
　绘制：北京未来空间建筑设计咨询有限公司

1 某公园景观

　　绘制：杭州禾本数字科技有限公司

2 某公园景观

　　绘制：杭州禾本数字科技有限公司

3 某公园景观

　　绘制：杭州禾本数字科技有限公司

4 某公园景观

　　绘制：杭州禾本数字科技有限公司

5 某公园景观

　　绘制：杭州禾本数字科技有限公司

**1** 某公园景观

　　绘制：杭州禾本数字科技有限公司

**2** 某公园景观

　　绘制：杭州禾本数字科技有限公司

**3** 某公园景观

　　绘制：杭州禾本数字科技有限公司

**4** 某公园景观

　　绘制：杭州禾本数字科技有限公司

**5** 某公园景观

　　绘制：杭州禾本数字科技有限公司

3

4

5

三角嘴杜鹃生态湿地公园
Rhododendron Ecllogical Wetland Park

风观风堤雪光序
山仰青春梅花秋陂
宝盖青堂洵雪容
映目似晚幸如水成
百又一天晓千家不
查春自见春回天
泥日堤似无山
宝莹共盛晓大美岛
沙指春宝坡春陸翁
秩修印春法人红仙一
电信四苦八五梵征详
殿春芝居双初给针
竹清春

一九七三年十二月十
于前湖相 祝松注画
山月西大名 竹圣三
原映 杨明湖

4

5

| 1 某景观规划 | 2 某景观 |
|---|---|
| 设计：香港绿贝国际　李凯峰<br>绘制：成都市浩瀚图像设计有限公司 | 绘制：北京尚图数字科技有限公司 |
| 3 某公园景观 | 4 新疆某公园景观 |
| 绘制：杭州禾本数字科技有限公司 | 绘制：杭州禾本数字科技有限公司 |
| 5 四平山国家公园 | |
| 设计：杭州普迪设计有限公司<br>绘制：杭州潘多拉数字科技有限公司 | |

1 2 3 4 5 杭州保利霞飞郡景观

设计: 保利地产
绘制: 杭州潘多拉数字科技有限公司

1

2

1 2 静海蓬莱景观

设计：藤设计　高杨　李磊
绘制：北京回形针图像设计有限公司

3 4 绍兴保利湖畔林语景观

设计：保利地产
绘制：杭州潘多拉数字科技有限公司

**1 2 天津晋海项目景观**

　　设计：北京国都建筑设计研究院
　　绘制：北京华洋逸光建筑设计咨询顾问有限公司

**3 杭州云第花苑**

　　设计：杭州经典园林
　　绘制：杭州拓景数字科技有限公司

**4 5 中集项目景观**

　　设计：雅克筑景
　　绘制：深圳市方圆筑影数字科技有限公司

1 安徽宣州区敬亭佳苑景观
   设计：杭州市城乡建设设计院有限公司
   绘制：杭州拓景数字科技有限公司

2 巢湖某住宅区景观
   设计：中联程泰宁建筑设计研究院
   绘制：上海艺筑图文设计有限公司

3 宣城市敬亭路1# 地块景观
   设计：杭州易城建筑设计有限公司
   绘制：杭州拓景数字科技有限公司

4 常州九龙仓景观
   绘制：上海今尚数码科技有限公司

5 新郑双唐小区规划景观

   设计：河南省纺织建筑设计院有限公司
   绘制：河南灵度建筑景观设计咨询有限公司

4

1 亨达未来城景观

绘制：江苏印象乾图数字科技有限公司

2 昆明某住宅区景观

绘制：成都亿点数码艺术设计有限公司

3 某居住区景观

绘制：杭州禾本数字科技有限公司

4 某别墅庭院景观

绘制：重庆瑞泰平面设计有限公司

5 某居住区景观

绘制：杭州禾本数字科技有限公司

5

**1** 某居住区景观
绘制：杭州禾本数字科技有限公司

**2** 某居住区景观
绘制：杭州禾本数字科技有限公司

**3** 某居住区景观
绘制：杭州禾本数字科技有限公司

**4** 香溢澜桥景观
绘制：江苏印象乾图数字科技有限公司

**5** 某居住区景观
绘制：杭州禾本数字科技有限公司

**1** 某居住区景观
绘制：杭州禾木数字科技有限公司

**2** 某居住区景观
绘制：杭州禾木数字科技有限公司

**3** 浙江舟山农居改造景观
绘制：杭州禾木数字科技有限公司

**4** 某住宅区景观
绘制：杭州禾木数字科技有限公司

**5** 厦门湾一号
设计：上海泛亚设计有限公司
绘制：上海芝筑图文设计有限公司

**6** 某小区景观
绘制：杭州禾木数字科技有限公司

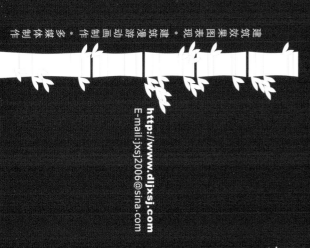

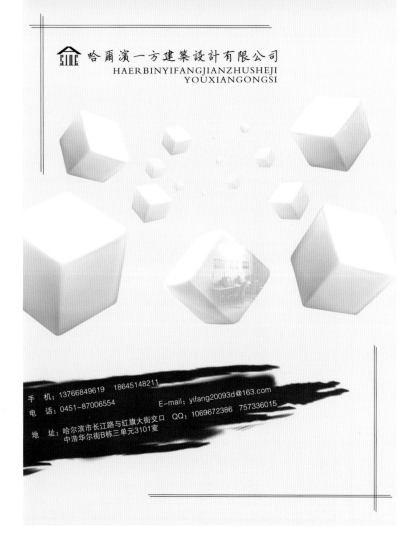

344

四川省绵阳市瀚影建筑图像设计有限公司

地址：绵阳市长虹大道中段133号金阳公寓二单元13楼
电话：0816-2333935 13350016666
QQ：231616666

公司长期高薪诚聘
效果图模型、渲染、后期人员

## EXPANSION 浩瀚
### DIGITAL TECHNOLOGY 数字科技
## 南昌浩瀚数字科技有限公司

南昌浩瀚数字科技有限公司成立于2011年1月，现已发展为国内知名的数字视觉科技运用公司并相继成功成立了南昌、九江、红谷滩等分公司，数字视觉营销中心，以及浩瀚数字视觉培训机构。公司目前拥有众多人才，多数来自数字技术及影视行业精英。公司主要以三维技术为核心融合多媒体手段在不同的科技领域进行实践最终实现其运用价值。公司业务范围涉及三维动画、建筑表现、建筑方案咨询、数字可视化、影视广告、影视后期、多媒体整体解决方案、展览展示解决方案及CG教育等，并在工业设计、医疗机械设计、数字城市、CG游戏等领域积极创新。公司作品多次被《2011建筑年签》、《中国建筑表现》、《竞标方案表现作品集成》等等专业建筑书籍竞选出版发表。

做中国最优秀的数字内容服务外包商
TO DO THE BEST CHINESE DIGITAL CONTENT SERVICE OUTSOURCING BUSINESS

诚信 和谐 创新 分享
INTEGRITY HARMONY INNOVATION SHARE

总部基地
地址：南昌市省政府大院北二路68号附二号楼
电话：0791/86662985/86261986传真：86662985
Q Q：357866305/719970167
邮箱：HHJZYS@126.COM
网址：www.NChaohan.com

红谷滩分部
地址：南昌市红谷滩红谷中大道西雅图一栋705室（天虹商场楼上）
电话：0791/83818449
Q Q：2548267390
邮箱：HHJZYS@126.COM

BUSINESS
ENTERPRISE
PUBLICITY

JAS ARCHITECT & ASSOCIATES

JAS ARCHITECT & ASSOCIATES

土为万物之本，人乃万物之主，
以土筑人，以人筑天下！

土筑人 建筑表现

南京土筑人艺术设计有限公司
南京总部：南京市奏表区茶江路恒江景园
TEL:025-84718589 EMAIL:tuzhuren@yaho
深圳分部：深圳市福田区滨河金威花园
TEL:13951760019 QQ:82773174

神似意扬

UNIFORM IN SPIRIT

VANKE'S ORIENTAL RESIDENTIAL CULTUR

万科的东方高端居住文化

陈俊　主编

I

华中科技大学出版社
http://www.hustp.com
中国·武汉

传承中式
神似意扬
万科美学
自然宜居

# PASSING ON CHINESE TRADITION

# UNIFORM IN SPIRIT

# VANKE AESTHETICS

# NATURALLY LIVABLE

"对外国建筑、异域风格的暂时向往，怎么都掩饰不住内心深处对中国根的渴望。"

市场的风向在转变，"中国别墅指数"研究公布数据显示：近年来市场在别墅的购买倾向上，选择欧陆风格从过去的100%已经回落到25.8%，而愿意选择中式等东方风格产品的群体则上升到20%左右。这个数据的背后，反映的是随着技术水平的提高和国家经济实力的增强，国人对于本民族传统居住文化的自信心也在逐步建立。人们开始认同生活需要现代化，而情感表达却需要中国化，以反映中国建筑的人文价值的观念，于是"新中式/现代中式"兴起并正在流行。

新中式住宅的设计和开发绝对不能单纯模仿，要在变化中求发展，要创新，体现时代风貌，在此基础上才可能传承。对中国传统民居建筑的传承，不是简单的模仿、抄袭，而是深刻地研究其精神内涵，吸取其精华，做到古为今用。完全模仿的设计难以成功，最理想的是以现代建筑为主，然后再考虑体现中国文化。

作为中国地产界的标杆企业，万科的信念旨在推销一种新的生活方式。万科开发房地产，不以赢利为唯一目标，也不只是单纯为客户提供居所，而是从满足现代人追求舒适、便利、完美的生活方式出发，自始至终为客户的各种合理需求提供尽善尽美的服务。万科认为住宅的设计要能创造城市文化的责任感，对城市负责，对后代负责。万科现代中式建筑风格的形成正是基于这些理念，它将对传统中式建筑的"神似"和现代人居的"意扬"完美结合，希望可以创造真正适合中国人居住的房子。

万科一直致力于对中国人居文化的理解、研究与传承，在万科的建筑语言中，只有符合现代居住习惯的现代设计和传承文脉的中式元素互相融合才能为居住者提供最适合的居住环境。多年来，凭借万科第五园、万科棠樾、万科青山湖等经典名作传承中国四合庭院人居之美，延续中式人文建筑美风，向世界建筑文化献礼，强调对中国建筑、人、自然、城市和谐相处关系的理解与认识，升华建筑文化、人居文化的表达。

本书试图总结万科多年来开发中式项目的经验，梳理万科在中式建筑设计上的观念和特点，以及其在营销推广上的特色。全书精选了18个项目，从比较研究、原创别墅第四代、红墙内的情结、地缘文化、合作开发、经典再续、赖特风、隐贵气质、宜居新城九大方向分类和概括万科具有代表性的中式项目的不同特色，精要地阐述了这些项目从策划开发到具体的建筑、景观、样板房、户型设计，再到其营销推广的各个环节，全方位地展示项目从无到有的过程，在为大家理清万科中式建筑文化和美学观的同时，也可以让读者在具体的开发、设计、推广实践中获得更多的借鉴和参考。

任何一个国家、地方的建筑都会经历首先是本土建筑，慢慢变成现代建筑，最后在现代建筑审度航线上找到本土文化标识的过程。本书更希望通过对万科现代中式建筑观的介绍和推广，让更多人认识到建设传承本土文脉住宅的重要性，以及设计符合现代人居理念的房子的可操作性，从而促进现代中式建筑朝着更为乐观的方向和未来发展！

# 申又意易 / 万科的中式观

中国经济的发展带动了中国房地产的市场化历程，在不足20年的历史中，万科集团无疑是一个标杆性的企业。它的经历几乎代表了大多数房地产企业的经历，也因此，它对于现代中式建筑，尤其是别墅的解释更为大多数人所关注。

曾经在低密度社区的开发上，欧美的发达国家拥有的发言权远远大过于国内。万科公司在起初的项目设计中，会经常选择一些具有国际化视野的设计师，或者派出相关的设计师去国外考察学习，通过这些渠道，得以引进欧美同类社区的成熟理念，并在万科集团的发展过程中带来巨大的影响。

但是，从深圳第五园的出现开始，一切都发生了变化。广东的东莞可园、番禺余荫山房、顺德清晖园和佛山梁园，并称岭南四大名园，万科自称"第五园"，自然有继承中式住宅的衣钵，走出新出路的意味。当时的万科在深圳坂田区域处于近乎垄断的地位，在大规模的现代住宅产业化后，为了避免集团内耗并增进新的项目增长点，深圳第五园的出现其实是个必然。项目推出后大获成功。万科陆续开发了一些中式的别墅项目，其中上海第五园和苏州中粮本岸可以说是这类本土原创别墅的典型代表。

在中式别墅的理解上，万科有自己老道的处理方式。上海万科第五园与苏州中粮本岸受到容积率的限定，首先就不能成为传统意义上的中式大宅。如何在有限的容积率中创造更有价值和意义的空间，成为万科面临的首要问题。

万科的选择是在保持传统建筑文化基因的基础上进行重构，从中拓展出新的理念和境界，使之成为民族化、中国化的东西。市面上中式风格的别墅或者小区，人们可以看到具有古典韵味的窗户、屋檐等元素，但这往往是比较简单的继承和复古，对于现代人的生活并无太多的意义。但是在上海第五园的身上，万科没有简单的复古照搬，而是扬弃式地继承徽派的建筑元素，将传统与现代、中式与西式很好地结合在一起。所以，你在项目中看到的无论是白墙黛瓦还是小窗墙脚，又或者是青砖步行道、密集的竹林、特色拴马桩，都会给你一种似曾相识，却又与众不同、充满个性的意味。项目通过特别提炼的表现手法，去唤起人们的心理共鸣。

上海第五园和中粮本岸，都有近似的地方，如在项目的规划上，两者都是参照了传统村落鱼骨状的道路安排和建筑布局原形，形成"村"、"街巷"、"院落"的布局观。在上海第五园中，我们能够看见亭、台、桥、廊、径、石、水、植物，在幽深的巷落中，体现的是宁静、安逸的生活方式。

当然两者定位不同，万科第五园比中粮本岸有着更丰富的变化。比如，在院落墙的选择上，第五园就形成了高低不同、虚实有别的组合。传统民居是"高墙小窗"，万科第五园更为多样，有"高墙大窗"、"高墙多窗"、"高墙低窗"等不同形式。在第五园的庭院围墙上，开了很多孔，这些孔，有竖向或横向狭长的窄缝，也有开得很高或者很低让外人难以探望的小洞，这些墙的形式都使墙的意向场景作用得到发挥，保护了隐私，内部也不会显得压抑。

在户型设计上，中粮本岸的户型是典型的中国式户型，两进式的院落吸收了中国园林的特点，房子以中庭为重点，进行采光与通风以及功能的布局。庭院以北的房间基本上是主卧、书房等，而南面是儿童房、客厅、露台等。这样的分区，房间的功能分区清晰而主次分明。若说缺点的话，户型设计考虑了太多的居住性，内部找不到太多的休闲空间，户型的设计有些单一化。

相比较之下，上海第五园房型变化丰富，常有出人意料的地方。因为它不但有大量的赠送面积，而且在一个相对封闭的空间内，中庭与院落、露台与天井都有着百变组合。

从以上的分析我们也可以看出，万科原创现代中式别墅区别于市场上其他中式项目的关键在于：它不通过简单的照搬和复古来影响人的视觉，而是通过更为现代的形式提炼，用原创的、本土的特征来影响人。在第五园和本岸两个项目上，没有太多被放大和强调的传统建筑符号和元素，万科更看重的是以传统再造传统，从而形成外在神似、内在意扬的独特风格。

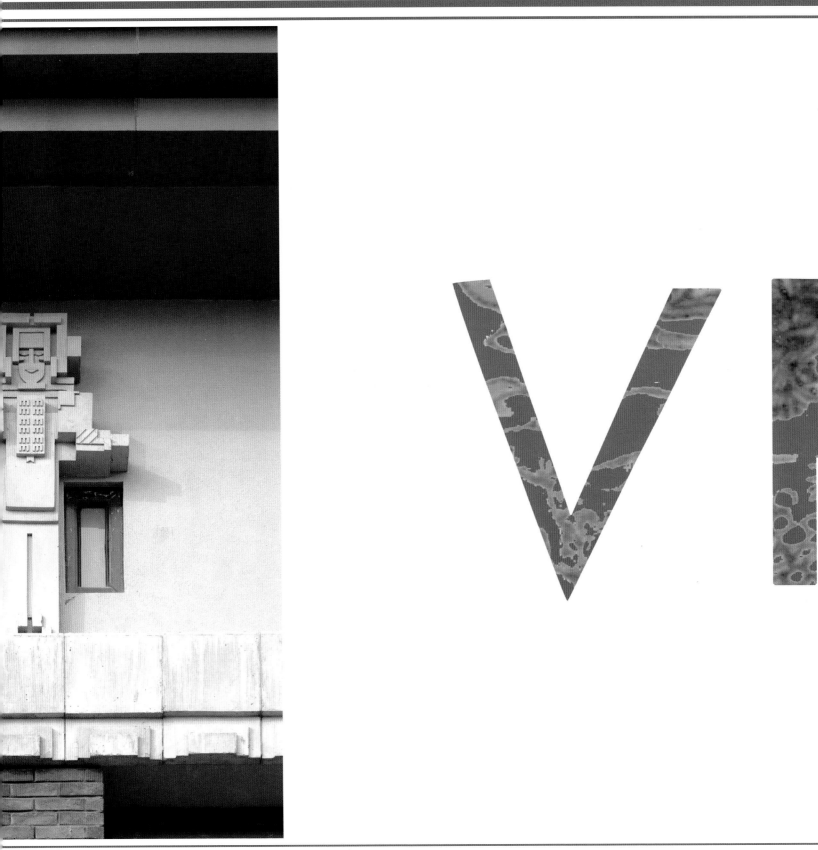

第五园能被大众接受，其根本原因是因为在人们心目中，都植根着一种中国人寻求自我审美价值实现的心态和潜意识，它实际上就成了大家释放这种情感的参照物。

——澳大利亚柏涛 (墨尔本) 建筑设计有限公司亚洲公司副总建筑师赵晓东

这是吸收古代中华民族建筑文化精髓的东西，并在此基础上又发扬光大，用两个词来说，是继承和发扬。用两个字概括的话，一个是儒，像咱们名字所起的如园，有一点儒雅的气质，从建筑风格到会所的安排，就是儒。另外一个就是雅致的雅，可以看出许多地方体现出雅。

——谢远骥点评北京五矿万科如园 (北京远骥都市建筑工程设计事务所)

这个项目传统、现代、自然、清新，尤其在这个地块，在海淀的地区有明、清两代大宅院的历史，在这个区位做项目，万科拿到这块地，能够感觉到把这个区域传统文化运用到项目规划上来。还有砖、瓦、石的应用，可以看到的传统的东西，文化的内涵在这个如园当中体现。再看样板间、具体的产品、空间的尺度等等，应用得很好，加上现代最好的材料，表现出传统与现代很好地结合。人在颐和园向西看，看玉泉山，这块内部的景观非常好，关键是购买的群体客户，居住在这的时候，近看百望山的时候，真的是自然、清新的感觉，这个项目从设计到最终，应该能奉献给市场、奉献给客户，内景外景很好地呼应。

——焦汝刚点评五矿万科如园 (海科建总经理)

郡西，是万科倾力打造公望之后，在良渚做的升级版。从设计的角度来讲，是两个走不同调性的项目，可比性不是很强。相对于公望讲究比例、对称、理智性，郡西更像是"石头缝里长出来的房子"，和整个山水融合在一起，自然而不突兀。外立面比较低调，比如天然碎拼石材，但是它本身内涵是非常丰富、高雅的。

公望和郡西的共同点，就是要打造一种非常居家的感觉，一种"好用"、能住的活房子。不再是过去的珍贵、奢华、特别的高调。所以当时起名字时不想起很炫的名字，就根据地理位置，取名郡西。

——仲翔 (郡西建筑设计负责人)

太多的中国别墅向北美别墅学习，向设计流水别墅的赖特学习，但重庆万科悦府的学习则带有万科人自己的思考，他们在思考如何将北美的粗犷与传统中式的细腻完美结合。

——万创背后博客

因为我们毕竟是中国人，我们的祖先在这块土地上生活了这么久，突然他们所居住的建筑形式都消失了，好像都不需要了，这是不合理的。万科也在考虑是否走完全复古的路线，只是在里面放上席梦思、空调，但万科觉得这样的路线不是自己应该走的。万科应该走的就是第五园的路线。

——王石解释自己的第五园情结

你能看多远的历史，就能看多远的未来。

——郁亮（万科集团总经理）

过去28年里，万科从科技、绿色走向人文的创新发展之路，这也是从物质到精神的蜕变之路。在突破千亿之后，万科的人文之路开始了新的征程。

——毛大庆（万科集团副总裁、北京万科总经理）

中国经历了"站在中国看世界，站在世界看世界"阶段之后，现在正站在世界回头看中国，第五园是回头看中国的结果，现在万科希望走得更远一些，可以站在中国看中国。如果说第五园还有一些徽派建筑的痕迹，棠樾的中式语言会更少一些，风格会更现代一些，但是我们要让它的中国味更浓一些。

——肖楠（曾任万科集团副总裁）

最好的记忆是传承。

——肖楠（曾任万科集团副总裁）

二十年后中国满地都是西班牙风格，合适吗？未来应该是中式，中式才是真正的高端！

——徐洪舸（曾任万科集团执行副总裁）

我在一个偶然的时间,看到了万科在重庆的新作悦府,见到它的一刻,便有了这样的一种感受:它是万科在这个即将过去的年度和这座早已拥有众多地产楼盘的城市再度建立的一座通向明天的桥梁。某种意义上,也是给重庆的一种激励。

——重庆一市民

在郡西,这些禁锢不复存在,取而代之的,是简单的线条和朴拙的质感共同勾勒出的、中式的水墨意境,以及隐藏在这些建筑背后的、细致到住户难以想象的生活场景。……低调到几乎被忽视的精装修,和这些装修细节带来的实际便利。……门口的可视门禁,被整个埋没在了粗犷的岩石门框中,走进去,檐、亭、池、院随意地穿插在视线中,却有一种不刻意为之的美感。

——杭州汪先生

品牌别墅,新中式概念,产品设计都非常加分,又是国宾版块,传统低密地区,位置很好,交通不错,万科品牌加上总共76席新中式别墅的理念,都足以支撑其成为一个高端典范,别墅的设计也颇具匠心,与一般别墅不同,人车分流的设计非常人性化,就是目前配套设施还稍微欠缺,目前生活配套设施不算是很方便,周边有好几个项目,还在施工中,可能有些噪音及灰尘,但是随着国宾版块入住率的不断提高,这一问题将来应该不是问题。

——新浪网友(点评万科西岭别墅)

环境真的不用多说,南昌人的豪宅,一般人真心买不起,不过项目建筑风格真的很细致,外立面处理得很漂亮,户型也很好。

——新浪网友(点评南昌万科青山湖)

走过那么多地方,真真正正让我觉得有所谓的稀缺资源的,也就是此了。我是一个比较崇尚文化的人,而且也一直这样教育着我的孩子,我希望他们可以成为至少对中国传统文化比较了解的人,成为外国人眼中的中国通,成为才子。当然,到目前为止我是为此而骄傲的,在带他来到梅湖时,他告诉了我八大山人朱耷的故事,让我骄傲的不仅如此,他还告诉了我很多我不知道的故事。之后我们又到了项目周边的美术馆转了转,让我很欣慰的是,年纪轻轻的儿子对美术的理解居然会这么深刻,他让我知道了国画和构线的关系,还告诉我中国国画要怎么去评赏;在项目旁边的聚财楼他可以条理清晰地告诉我,中国的文房四宝是什么,以及一些我都不知道的关于文房四宝的故事。就在此刻,我是真的希望可以天天带着他来此体验一刻的。于是,我走进了润园的售楼部。

——新浪网友(点评南昌万科润园)

区位环境真不错，整个建筑设计也是秉承了万科精品住宅的理念，我去项目看过几次，真心漂亮啊，那淡淡的江南风格，让我们这种40、50岁的男人无限流连，无奈年轻时没有太努力奋斗，现在这么大年纪买套这样的房子有点吃不住力呀！房子是很好的。就是价格太高了。

——新浪网友（点评万科青山湖）

别致的设计风格，给人眼前一亮，足以证明户型的新颖。大户型豪阔美宅，南北通透，采光通风俱佳。户型设计紧凑，空间利用率高，功能分区明显。方正客厅连接景观阳台，延揽视觉面积阅尽风景秀色。

——新浪网友（点评武汉万科红郡）

整体采用曲线构成流动的空间，不但具有明确的导向性，同时也巧妙地打破了狭长的空间有可能产生的沉闷，单调感。周边的商业气氛比较融洽，人文气息浓厚，小区的环境也比较优美，整体来说适合居住。

——新浪网友（点评武汉万科红郡）

万科金色悦城市区域内品牌地产，带动城西居住品质，万科项目能够成为城西板块风向标。

——新浪网友（点评西安万科金色悦城）

在售楼处逛了一圈，有专人销售陪同，感觉不错啊。看到了传说中的三大园林和300年的老房子，还有古色古香的如园庭院，感觉瞬间喜欢上了这里。我总结了一下项目的亮点：密度小，环境好，户型大气，周边有两大公园，精装修交房等，一期户型为281及290平方米四居两种，户型是有些大，但是我觉得还行，没有啥问题，毕竟要长期居住的。

——新浪网友（点评北京五矿万科如园）

售楼处介绍说，佘山珑原是由万科和招商两大开发商打造的，不是在正佘山，但泛佘山板块的一个中高端别墅项目，以后规划联排和少量的叠加别墅。另外，周边有个广富林古文化公园，山清水秀的。最吸引我的是0.8的容积率，那可是周边项目中最低的，以后住着可舒适了。

——新浪网友（点评上海佘山珑原）

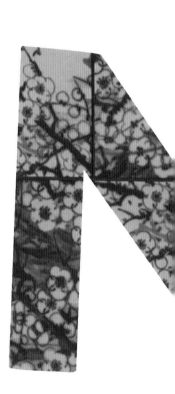

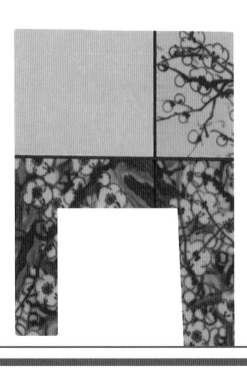

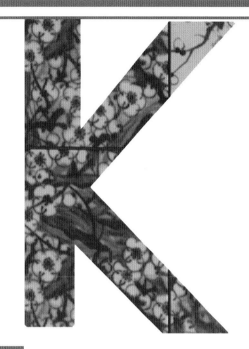

## 红墙内情结

## 地缘文化

第五园比较研究

第五园的案名源自王受之教授，顺德的清晖园、佛山的梁园、番禺的余荫山房和东莞的可园被称为"广东四大园林"，深圳第五园以岭南四园为基本的建筑精神空间蓝本，打造现代中式风格的建筑。而到上海第五园则表现出一种大成之势，它从集合了中华千年人居智慧的中国四大园林——北京颐和园、承德避暑山庄、苏州拙政园、苏州留园中，提炼代表中国传统智慧的出世精神和对积极入世精神的最高渴求，在南北居住智慧的基础上，演绎居住者"中国高阶居住身份和地位"的社会价值符号。

第五园的开发设计源于房地产市场上文化的溯根，城市里充斥的是有着生硬轮廓的、庞大的建筑怪物，寻找中国传统建筑文化精髓，反映的正是人们"骨子里的中国情结"，从这个意义上来看，万科第五园不仅仅是一两个简单的地产项目，而是中式建筑、文化复兴的代表，体现着中国久违的自信与骄傲，展现了中国文化的博大与包容。这是它取得成功，并获得复制、创新的关键。

## 相同点——骨子里的中国情结

当经历了太多所谓欧风美雨的洗礼之后，人们开始追溯本源，在现代经济高速发展的时代，精神的匮乏与物质的丰富形成鲜明的对照。建筑作为一种文化符号，既是对历史的一种重建，也是历史在当下的绵延，没有历史感的生活，就相当于没有本源和归属的空白生活。传统中式住宅引导着我们去追寻文化、建筑的"中国根"，传统的建筑精髓应用在万科第五园里，重现的是人们心底失落已久的中国记忆，唤醒的是现代中国人最真挚的宅院情结。

## 不同点——城市差异: 强大表现欲VS充足文化底蕴

深圳是短时间内获得快速发展的新型城市体，城市居民的主体组成部分是淘金者，作为一个移民城市，自身原有的文化已经微不可查，人们迫切需要获得文化认同感，一些能够唤起他们过去所经历的传统文化、乡土文化记忆的产品会更受欢迎。这里的人们有着更为张扬的个性，重视标签感，注重外在的表现。

上海作为一个有着久远历史的城市，则有着充足的传统文化底蕴，它通过不断吸纳外部文化，发展出独具特色的海派文化。某种程度上，它已经不需要通过标签来证明自己，在表现中国文化时，它更追求自我的主体意识，讲究创新独到。上海第五园与其说它强调的是骨子里的中国，倒不如说它强调的是骨子里的上海，这与深圳第五园的区别是十分明显的。

## 时间差异: 热情初兴VS文化回归

深圳第五园在设计之初是2005年，正是国学兴盛的时期，只是因为考虑到大众的接受能力，这种兴盛趋于表面的流行，所传播的东西较为浅薄，对传统文化的热情也比较标签化。在住宅的规划设计上，更多是堆砌传统建筑的元素和符号。

2010年上海第五园在设计的时候，全球的经济格局已经发生了较大的变化，中国对世界的影响也越来越大，已经具备了一定的深入探索传统文化价值与力量的社会基础。整体的文化氛围不再如2005年那么浮躁，对于自身的实力已经有了更为透彻的重新认识。在设计上强调文化主旨的回归，去除标签化的认知，真正地传承内在的生活态度。

## 设计精髓差异: 符号性意义VS居住传承探索

虽然两个项目的建筑设计都运用到了"村"、"院"、"墙"等形态和元素，但是深圳第五园所借鉴的徽派建筑与晋派建筑都与地域的文化联系不大，更多是有符号性的意义。上海第五园的设计则在山水村落的布局中，突出具有江南民居特色的"天井"院，白墙素瓦的搭配更是完美营造了中式传统民居的意境。项目在新材料的运用上已经不再只是单纯地迎合现代人的居住习惯，而是成为了真正的主角，表现出对未来居住需求的探索和创新。

第五园七校研究

上海万科第五园

项目地点：上海浦东新区曹路镇
占地面积：10 018平方米
建筑面积：122 050平方米（其中地下建筑面积60 400平方米）
总户数：300户
建筑密度：25%
建筑层数：2-3
容积率：0.62
绿化率：48%
设计/竣工时间：2007—2010年
开发商：上海万科房地产集团有限公司
建筑设计：CCDI中建国际设计顾问有限公司
主要建筑师：王蕴、张立杰、胡淑敏、蒋文彦、訾友昭
结构/机电设计：CCDI中建国际设计顾问有限公司

1. 总平面图
2. 社区总平面图

将一个在某地获得成功的项目移植到另一处进行复制，是许多地产商津津乐道的操作模式。但是不要认为上海第五园是深圳的那个开端之作的简单模仿。实际上，除了把那座来自鄱阳的具有六百多年历史的徽派古宅搬到现场作为万科的惯用套路之外，我们找不出上海与深圳两座"第五园"在设计手法上的任何复制效应。在"骨子里的中国"情结之下，我们看到更多的是海派生活的精致和愉悦。

上海万科第五园是一处符合现代居住观的生态型花园式共有别墅区。它坐落在浦东曹路板块，周边有杉达大学等多所高校，文化氛围良好。项目基地西望陆家嘴，毗邻上海高成熟、高质素的产业区张江和金桥，与外籍人士占60%的碧云国际社区接壤。区域发展成熟、交通条件便利。

万科希望做中国传统建筑语言的继承者和发扬军，构筑现代中国人的居住文化，因此第五园并非单纯关注于销售，它更希望是做出有影响力的产品。

项目所在的板块在2010年的别墅市场上无新增供应量，没有明显的竞争个案，处在相对空白的市场竞争环境中；加之中国正处于传统文化复兴与前进的方向中，整体的市场环境给了产生一个具有行业影响力作品的可能。

本案在这样的氛围下，希望沿袭中国式建筑精髓和传统中式建筑空间哲学，而不是简单堆砌中国符号，同时利用世界先进建筑理念和技术材料，实现建筑规划上的创新突破，打造彰显未来价值及观念的作品。

## 如何营造中式庭院别墅的居住环境?

色彩——渲染"素"的意味
外部——提炼"墙"的形象

项目中使用材料如白墙、灰瓦、木条、黑色工字钢压顶、灰墙、青色基石,以及庭院中栽种的青竹,都在颜色上突出了中式传统建筑的素雅意境和氛围。

项目采用高墙围合居住空间,个人居所与社区空间进行了内外分割,表现了中国传统人居对私密性的要求。

项目出于开发密度和场地自身的限制,别墅单体之间的间距略显不足。但是"墙"的运用显得非常突出,并成为整个组群的主要构成元素和景观表现手法。建筑师在外墙与门楣齐平处开出水平向细长条窗,在保护了住户私密的前提下,让住宅的内外空间通透,从外向内看,内部庭院的绿植被框在条窗中,成为了小区一景;从内向外亦然。

1. "第五园"社区入口

1

1. 被包裹的老宅
2. 藏于老宅下方的车库入口

1

环境——营造"幽"的氛围
气候——体现"冷"的追求

建筑旁边种植的青竹和中式氛围特别匹配。人们的交往空间由巷道组成，冷巷相连接外部的静谧与墙内生活形成对比，真正实现中国人内外有别的居住习惯。巷道空间配上灰冷色调表现出一种幽深的情愫。

反对物欲的堆砌，提倡文人式的清雅格调，在城市繁华之中保留一份内省和宁静——这是中国人内心深处所认同的中国日子，也是中式设计的真正归宿。

1. 别墅建筑组团的空间联系
2. 门前小径

与深圳第五园相比，上海第五园的另一个突破之处在于"阳光天井"，这显然来自江南民居"小中见大"的特点。

## 规划——表现"村"的形态
## 内部——强调"院"的作用

项目整体在规划上引入传统的村落格局，村落依水而建，减少公共空间的布局，建设纯粹的居住形态，以保证社区的安静环境与私密需求。一些小的空间细节营造，比如流水、小狮子、木门的设计，也展现了村落的感受。

内部主要是由传统人居的天井空间转换而来。通过多重院落的嵌套，在紧致的空间布局中，将徽派民居中最重要的部分之———中央天井包括了进来。这显然来自江南民居"小中见大"的特点。与岭南民居的开敞或是北方民居的敦厚不同，高墙围合的"天井"成了近代江南民居中屡见不鲜的元素。在本案中，建筑师以"天井"为触媒，既引发了住户对于传统江南民居的回顾，又在有限的地块中创造了更多利用空间的方法。天井的设置模糊内外空间的界限，产生了趣味性的居住空间。

1. 户内小院
2. 建筑立面局部
3. 内院露天餐座

2

3

## 材质——创造"新"的需求

在上海第五园，材质和细部成为真正的主角。屋面的金属板与外立面的灰砖形成现代与传统的对话关系，这种关系通过悬挑、延伸、转折、起落，显得富有生机。建筑勒脚使用的环秀石为中式风格增添了情绪，而在窗的安排上，建筑师并没有复制传统住宅中的木质花窗，而是通过石材切割与连接形成了漏窗的概念，体现出内敛的审美情趣。

1

2

本案共有300座现代中式庭院别墅，主力户型面积在160～200平方米左右，其中A-S、A-SD、A-ND等户型面积为180平方米；B-S、B-SD、B-N、B-ND等别墅的户型面积为190平方米；C-N户型的面积为355平方米。项目采用人性化的空间布局，从空间结构上体现中国传统的人居习惯。

**目标客群特征**

项目作为万科蓝山三期，它的客户群与一、二期相似，由土地价值决定，物理属性上变化不大。

年龄范围——深蓝的客户主要集中在30～45岁，其中35～45岁的年龄群体占了较大比例；
家庭结构——以三口之家为主，家庭成员数量一般在3人以上，对居住空间有较高要求，孩子年龄大多为中、小学，部分家庭会有老人同住；
教育水平——多为大学程度，工作优越，收入丰厚，对生活品质要求较高；
出行工具——均以自驾车为主，拥有车辆的价格在20万～100万的中、高档汽车，50%以上的家庭拥有2辆以上的车辆；
社会层次——属于社会精英阶层，比较注重生活品质，对品牌有一定的自我认知；
事业状态——正处于成功期，可支配财产较高，对价格承受力强，但对性价比要求较高；
置业经历——多次置业，今后仍有购房需求。

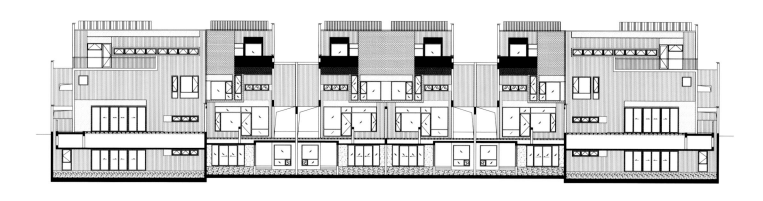

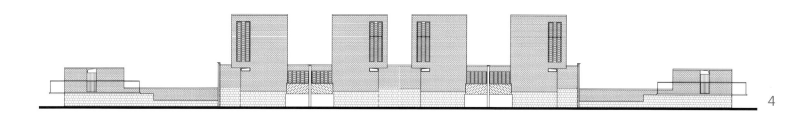

4

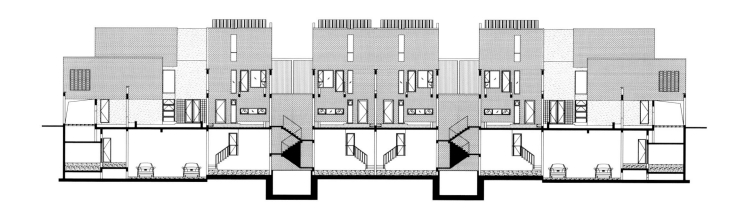

1. 外墙材质与细部
2. 内院材质与细部
3. 过渡空间
4. 四拼户型南立面图
5. 四拼户型北立面图

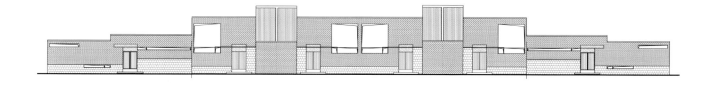

5

160平方米双拼别墅

下沉式庭院，将阳光引入地下储藏室间；有天有底多重院落，三层大尺度私密主卧套房；

餐厅部位是由原来的天井改造而成，增加了实用面积，160平方米的建筑面积，实用面积大概在300平方米左右。

350平方米户型

多重院落、前庭、中庭、后园等构筑私密空间；

15米超大面宽，突破空间束缚；

顶层主卧套房，配以独立卫浴和超大露台；另配有私家泳池。

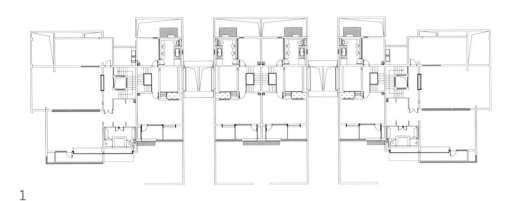

1

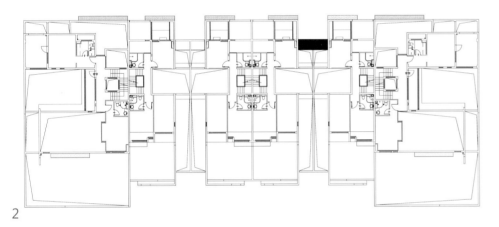

2

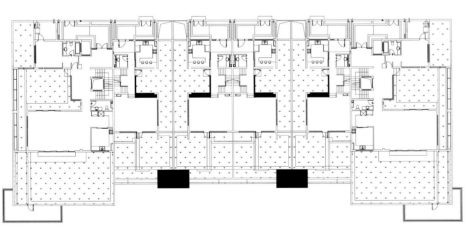

3

1. 四拼户型三层平面图
2. 四拼户型二层平面图
3. 四拼户型一层平面图

## 户型中的偷面积

4. 花池、阳台、设备平台、入户花园等，建筑面积可偷一半
5. 挑空空间、夹层等，建筑面积可偷一倍
6. 屋顶镂空，加屋顶，建筑面积可偷一倍
7. 阁楼的利用，建筑面积可偷阁楼部分
8. 推土，抬高地下车库，建筑面积没有增加，但舒适度提高了
9. 餐厅环境加屋顶的综合改造，建筑面积增加2层面积

4

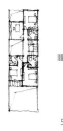 
5

6

7

   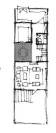  
9

四九

# 上海万科
# 第五园

袁丁
上海万科第五园景观设计师

曾经有过一个时期，深圳第五园与同一时期的许多中式住宅成为中国文化"自信"和生活方式"回归"的代名词。相比之下，上海第五园并没有背负太多的企图，设计理念显得出乎意料的单纯。

五零

**编者：**做这个项目初期设计时是如何思考的？（比如中式的传承、创新的点等）

**袁丁：**在第五园的设计过程中，dDot始终希望能走出一条传统中式建筑景观文化与现代设计手法结合的新路。正经历伟大复兴的中国，处在需要找到一条将传统文化延续到现代生活方式的设计道路。我们借鉴了日本、东南亚等众多将本地传统文化与现代设计语言结合的设计手法。

此外，在项目的具体思考过程中，我们紧扣一个核心词：骨子里的中国。何为骨子里的中国？我们发现中国人自古以来对居住的安全感的需求是放在第一位的，例如徽派民居的高墙深院，北京的四合院都是印证。于是，我们从入口广场到私家庭院、到中心绿地都采用了不同程度的围合手法塑造空间。

**编者：**在和甲方沟通互动的环节中有没有什么记忆深刻和有意义的事情；

**袁丁：**在和甲方沟通中，设计师的信心和坚持也能帮助开发商更加坚定地将设计师的创意实施出来。比如入口广场，这样的围合是有异于通常房地产项目入口位置需要开敞面吸引眼球的惯例思维，但在我们的坚持下，最终实施出来的效果证实，这样的围合恰恰体现出了高档社区应有的低调私域感和尊贵到达感，也符合中国人心理上对安全感的核心需求，最终呈现的效果得到了各方肯定。小区中轴集中绿地也有类似的情况。当原本开敞的中轴集中大空间被建起来的一道道墙体分割开后，其效果在开发商内部产生了相当多的质疑。最终在我们的耐心说服和开发商部分设计师的坚定支持下，在硬质及植栽效果完整呈现后，不仅再没任何的质疑，而且得到了一致的肯定。

**编者：**对于万科中式产品你是怎么样去看待和理解的？

**袁丁：**在这个伟大复兴的时代，找回文化自信，以及寻求传统文化向现代社会的延续不仅是这个时代民众的需求，也是整个民族的需求。万科的中式产品正好迎合了时代的需要，不但是对商业产品的创新，也为文化传承做出了贡献。

深圳万科第五园七校开究

深圳万科第五园

## 一、关于深圳万科第五园

万科第五园项目是2005年万科地产在坂雪岗区域规划开发的又一大规模居住社区。

项目主打特色是现代中式建筑风格，吸纳了岭南四大名园、北京四合院等众多中式建筑的精华，辅以现代的建筑文化及特色，形成了其独具特色的现代新中式建筑特色。

万科力图在中国民居文化建设上有所突破，依寻"岭南四园"的思路，建造了崭新的住宅小区——万科第五园，其意是想在"岭南四园"的基础上探索一种新型的、南方的中国式的现代生活模式，园林层叠，出入有致，空间交错，明亮通透，湖光山色，饶有新意。特别是中国民居中内敛和赋予涵养的气质深受文人墨客的喜爱。中国式的现代建筑，是一个新的提法。虽然有人喜欢传统的建筑格局，建造了新的古典住宅庭院，但现代空间感缺乏，更有些人仅仅拿了传统建筑的符号贴在现代建筑上，那并不算中国式的住宅，充其量是中国传统建筑符号化而已。

万科从中国人的生活习惯开始着手，从中国传统居住的内容着手，设计出万科第五园这个作品，是一次非常有意义的探索。第五园的设计注意到了地方气候特色，在空间处理，在建筑开合上，都能够吸收岭南民居的优点；突出院落的优点，院落是中国江南民居风格的共性，讲究邻里关系，第五园就是传承了江南民居院落中的精粹，把开放空间与现代建筑的私密空间有效融合。其实岭南民居与徽州、江西一带的民居一样在某种意义上都可以称之为江南民居范畴。

第五园融合了现代时尚元素与传统建筑风格，把中国的传统建筑文化发挥得淋漓尽致，白墙黑瓦简洁的外观和色彩很有意境的和谐美，营造出典型的江南水乡风格。表现出了传统的古典雅韵，又体现出后现代主义的简练，为我们在中国传统园林艺术在现代景观中的塑造提供了一个很好的范例，这样，中国的传统艺术精粹就会经久不衰，源远流长。

## 二、万科第五园名称的由来

万科第五园项目名称是由王受之教授所起，他是在受万科地产之邀参观第五园项目地块时，依寻"岭南四园"的思路而联想出这个名称的。

实事求是地说，第五园不是一个常规项目，而是一个个性化很强的产品，是深圳第一个真正意义上的中式建筑，也就是说喜欢的人会特别喜欢，不喜欢的人会特别不喜欢，文化是具有杀伤力的。

## 三、项目定位：立足于现代中式文化社区，将中国传统文化与现代生活巧妙结合

1. 文化定位　骨子里的中国，传统民居的复兴，居住文化一次返璞归真的回归。

在全深圳还是一片"欧风美雨"的时候，万科就强调"有根建筑"。同质化的模式和简单符号的粘贴，没有根基的异域风情终究"雨打浮萍飘零而去"，人们的居住方式开始平和地回归。第五园的出现，被视为中国建筑的必然寻根与回归之路——中式民居。摆在公众面前的是一幅百年民居和现代文明和谐共生

2004年，深圳万科第五园在文博会上精彩亮相，获得了客户与文化界的一致好评；第五园出版发行了《骨子里的中国情结》一书，名列当年广州必得书店畅销书排行榜第七名。

2004年12月25日，第五园更以"骨子里的中国情结"的文化内涵和现代中式的神似特点，获得了由中国土木工程学会、中国民族建筑研究会和中国建设联合颁发的"中国珍品大院奖"，标志着第五园项目已成为中国房地产的标杆。

2008年中国国家地理杂志社与新浪房产联合推出的"评选中国最美丽的100个楼盘活动"中，万科第五园也在其中。

2008年，深圳万科第五园获"中国建筑传媒奖"居住建筑特别奖入围。入围理由：全国在制造所谓"欧陆风情"的虚假的都市景观，第五园逆风而动，以文化的自信，表现"乡土中国"中饱含的典雅和精致。整个社区形成类似于传统村落形态的具有人情味的丰富的邻里空间，能够为社区居民之间的交往提供舒适的公共空间。

的写意画卷。万科用美学、文化学的目光对中式民居加以对照，摆脱东西建筑要素拼凑的悖谬，完成了历史传统与现代文明的平静对话、东方民居与现代建筑的自然交融。

2. 建筑风格定位　"原创现代中式"：徽派建筑的现代版同时夹杂少许晋派建筑的元素。
在万科·第五园的身上，我们可以看到徽派建筑元素和晋派建筑元素的影子。

3. 客户行为
消费行为——目标客户有着很深的中国情结，他们喜欢中国的传统建筑；由于长时间生活在城市，对"村"的生活形态有着强烈的渴望，但是对于家里内部的生活用品则更偏好于先进的设备。

消费动机——目标客户对西式建筑已经产生审美疲劳；是万科地产的忠实客户；想体验万科的优质物管；期待第五园的升值。

消费方式——目标客户基本都是高收入者，他们对价格不是特别敏感。

## 四、项目优势：

扬弃式建筑　第五园并没有简单地复古和照搬，而是扬弃式继承，将传统和现代、中式与西式很好地嫁接和结合，以期即可营造出适合中国人居住的传统居住环境，又符合现代人的生活习惯。

"准垄断"效应　第五园总占地面积达22万平方米，加上已建成的四季花城，加上坂雪岗的46.9万平方米，万科在坂田已经有了1.09平方公里的土地，建筑面积超过130万平方米。而整个坂田可开发土地面积不足4平方公里，万科已经占有25%的份额，呈现准垄断的局面。

品牌效益　万科地产在深圳是有口皆碑的，品牌效应相当明显。

## 五、项目劣势：

整体规划方面：第五园为了突出小院却忽略了大院。目前来看整个小区公共绿化面积很小，大型公共休闲中心也没有。

白墙带来的问题　由于整个小区内白墙太多，夏天日晒反射是个问题，而且外立面比较容易脏。

采光和通风性能普遍比较差　第五园户型的采光和通风性能普遍比较差，虽然有一些天井，但是依然没有很好地解决这个问题。

私密性不强　第五园户型的对视性很强，私密性不强，特别是在卫生间，有很多卫生间设计为"三面开放式"。

# 深圳万科第五园第一、二期

项目地点: 深圳市龙岗区坂雪岗片区
占地面积: 440 000平方米
建筑面积: 550 000平方米
总户数: 4 000多户
开发商: 深圳万科房地产有限公司
建筑设计: 北京市建筑设计研究院/澳大利亚柏涛(墨尔本)建筑设计公司
施工图设计: 中建国际(深圳)设计顾问有限公司
景观设计: 易道规划设计有限公司

**经济技术指标(一、二期)**

占地面积: 131 283.3平方米
建筑面积: 125 400平方米
容积率: 1.0
绿化率: 30%
商业配套面积: 2 600平方米
书院: 1 400平方米
停车位: 室内1 736位,室外2 863位

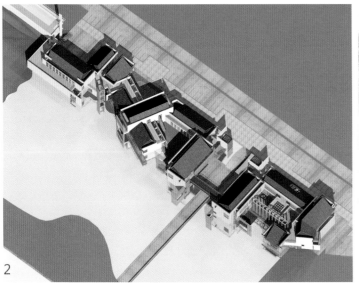

深圳万科第五园，作为中式建筑、文化复兴的代表，体现着中国建筑久违的自信与骄傲，展现了中国文化的博大与包容。项目对传统文化采取了扬弃式继承的方式，试图用白话文写就传统，因此主打特色是现代中式建筑风格，吸纳了岭南四大名园、北京四合院、徽式建筑等众多中式建筑的精华，辅以现代的建筑手法及文化特色，形成了其独具个性的现代新中式风格。

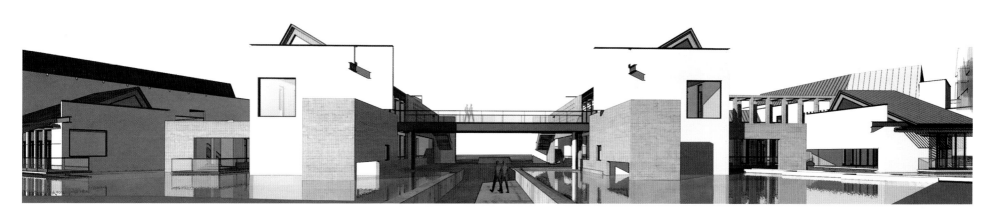

**区位分析**

项目位于深圳北部坂雪岗片区的高新技术产业园区，梅观高速与布龙公路交汇区。该片区位于龙华、坂雪岗和观澜组成的深圳城市中部生活服务发展轴线上，该轴线被定位为深圳特区居住、生活配套与第三产业的拓展区域，也被定位为深圳特区外住宅产业最具发展潜力区域。

本区的路网系统较为完善，有"两横"布龙公路、环城南路；"三纵"梅观高速、五和大道、坂雪岗大道。

片区的配套设施不完善，主要以社区内部配套为主，主要有菜市场、社区健康服务中心、小学、幼儿园等。

**市场分析**

**1."大深圳"格局下的坂雪岗片区**

随着宝安、龙岗两区城市化的推进和全市轨道交通网络的形成，深圳"关外"城市化进程大大加快。城市开发从以往的"二元结构"走向"一元结构"，即"关内"与"关外"日益融为一体。在"大深圳"发展背景下，坂雪岗片区与深圳中心圈层的联系也越来越紧密。

**2.坂雪岗片区的三大特点**

越来越多的"关内"品牌发展商入驻本片区，如招商地产、天健地产、星河地产等；越来越多的"关内"买家关注坂雪岗片区物业，并开始在本区域购房；坂雪岗片区房地产开发水平逐步向"关内"看齐，开始出现可以与"关内"楼盘素质相媲美的项目。

**3.坂雪岗片区充足的土地供应**

从近三年商品房用地交易量看，龙岗区房地产规模扩张速度之快，与关内土地供应量的急剧萎缩形成鲜明对比。在龙岗区出让的商品房用地中，有相当一部分集中在坂雪岗片区，充足的土地供应，为区域房地产市场的发展创造了条件。万科在取得第五园地块后，依然窥视周边约50万平方米的住宅用地。万科在其开发历史上都是引进世界现代建筑设计和规划手法，为迅速扩张、逐渐实现部品产业化，还将四季花城、城市花园等欧陆风格社区开发模式大规模复制到其他城市。由于万科已经准区域垄断坂雪岗片区，因此为了避免内部项目发生内耗竞争，万科城西化、第五园中式则并不难理解。

1. 规划总平面图
2. 轴测图

在"岭南四园"的基础上探索一种新型的、南方的中国式的现代生活模式，园林层叠，出入有致，空间交错，明亮通透，湖光山色，饶有新意。

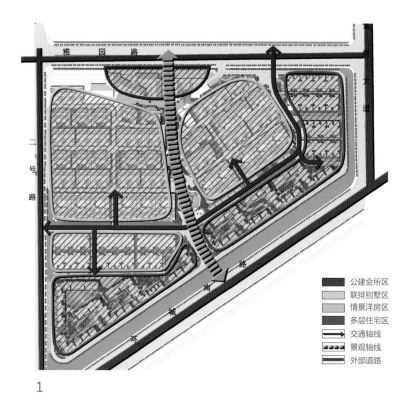

公建会所区
联排别墅区
情景洋房区
多层住宅区
交通轴线
景观轴线
外部道路

1

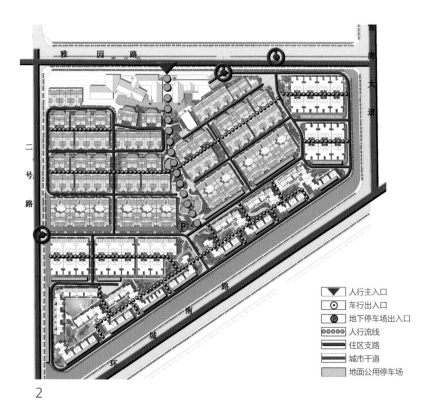

人行主入口
车行出入口
地下停车场出入口
人行流线
住区支路
城市干道
地面公用停车场

2

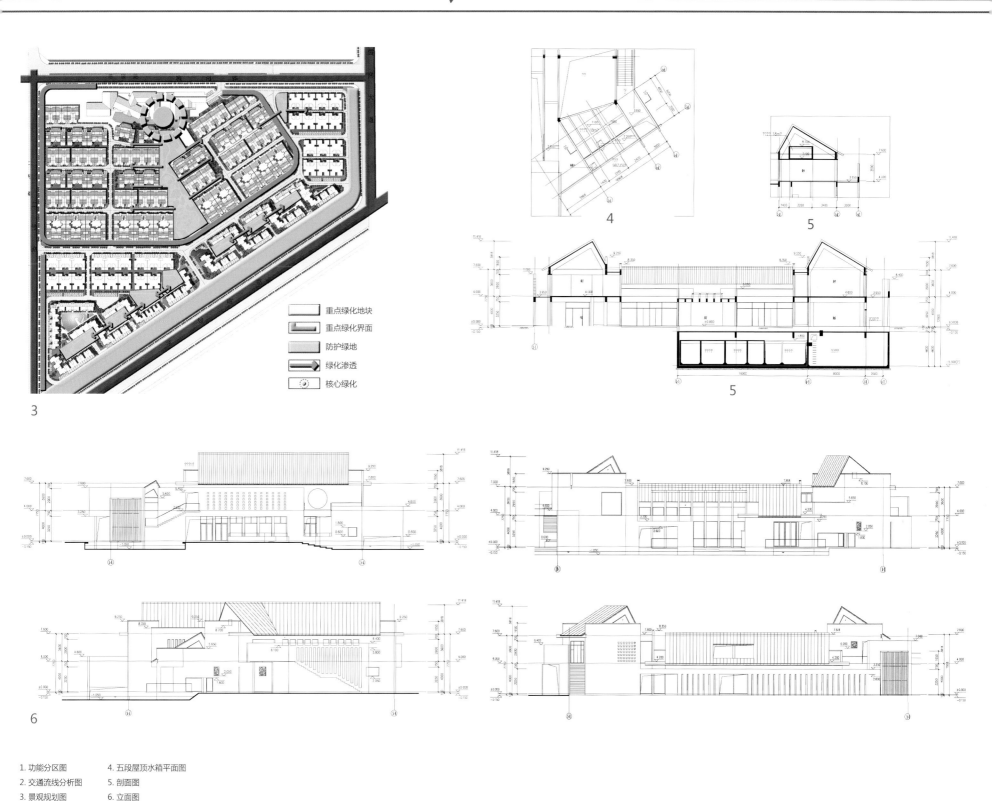

重点绿化地块
重点绿化界面
防护绿地
绿化渗透
核心绿化

3

4

5

5

6

1. 功能分区图       4. 五段屋顶水箱平面图
2. 交通流线分析图   5. 剖面图
3. 景观规划图       6. 立面图

## 规划——表现"村"的形态

整个社区的规划由中央景观带分割而成的两个边界清晰的"村落"组成。一条简洁的半环路将两个"村落"串联。村口处基本都设有传统村落常见的牌坊或其他显示领域感的标志物,各"村"内部都由幽深的街巷或步行街小路及大小不同的院落组合而成,宜人的尺度构成了富有人情味的邻里空间。位于社区紧邻城市干道的商业街和社区图书馆与住宅之间的地方以池塘相隔,小桥相连,互为景观,其内部空间也特别强调了各种开敞、半开敞、私密庭院,形成丰富而使人流连的"村口"场所。

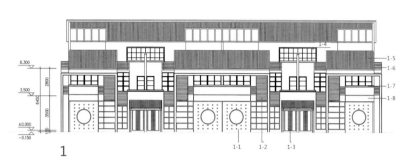

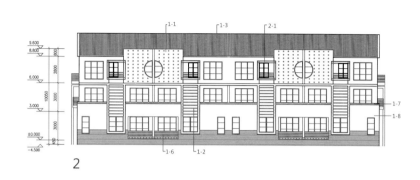

1

2

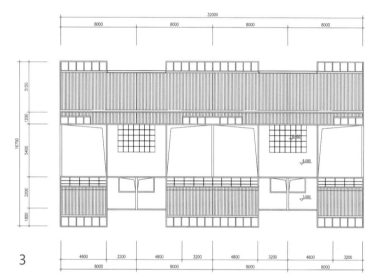

3

| | |
|---|---|
| 1. A型南立面图 | 5-2. 灰色面砖 |
| 1-1. 素混凝土 | 5-3. 涂料墙面 |
| 1-2. 木百叶 | 5-4. 素混凝土 |
| 1-3. 金属屋面 | 6. A型平面图 |
| 1-4. 铝框玻璃 | 6-1. A型一层平面图 |
| 1-5. 金属屋面 | 6-1-1. 阳台 |
| 1-6. 金属栏杆 | 6-1-2. 中厨 |
| 1-7. 灰色面砖压顶 | 6-1-3. 工人房 |
| 1-8. 涂料墙面 | 6-1-4. 卧室 |
| 2. A型北立面图 | 6-1-5. 西厨 |
| 2-1. 钢构架 | 6-1-6. 餐厅 |
| 3. A型组合屋顶平面图 | 6-1-7. 内庭院 |
| 4. A型剖面图 | 6-1-8. 客厅 |
| 4-1. 卫生间 | 6-1-9. 前庭院 |
| 4-2. 衣帽间 | 6-1-10. 车库 |
| 4-3. 卧室 | 6-2. A型二层平面图 |
| 5. A型侧立面图 | 6-2-1. 衣帽间 |
| 5-1. 钢花格 | 6-2-2. 储藏 |
| 6-2-3. 上空 | 7-2-8. 前庭院 |
| 6-2-4. 露台 | 7-3. B型二层平面图 |
| 6-3. A型三层平面图 | 7-3-1. 主卧 |
| 6-3-1. 主卧 | 7-3-2. 衣帽间 |
| 7. B型平面图 | |
| 7-1. B型地下室平面图 | |
| 7-1-1. 水面 | |
| 7-1-2. 卧室 | |
| 7-1-3. 娱乐室 | |
| 7-1-4. 天井 | |
| 7-2. B型一层平面图 | |
| 7-2-1. 工人房 | |
| 7-2-2. 阳台 | |
| 7-2-3. 中厨 | |
| 7-2-4. 西厨 | |
| 7-2-5. 餐厅 | |
| 7-2-6. 内庭院 | |
| 7-2-7. 客厅 | |

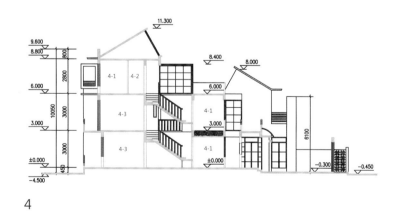

4

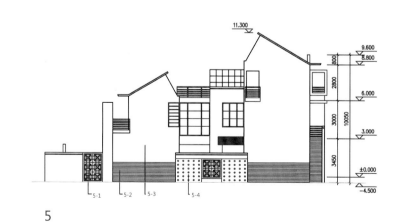

5

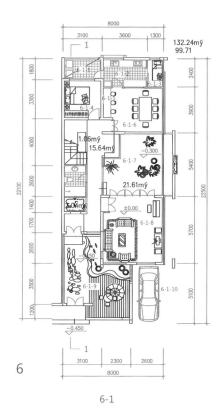

6-1

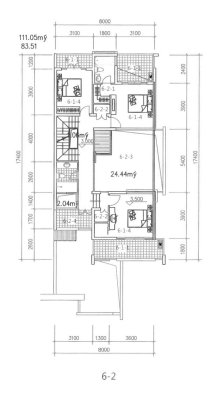

6-2

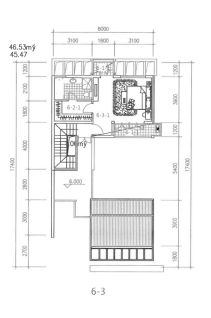

6-3

6

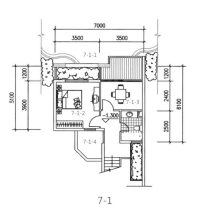

7-1

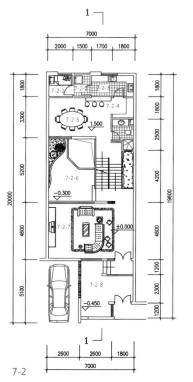

7-2

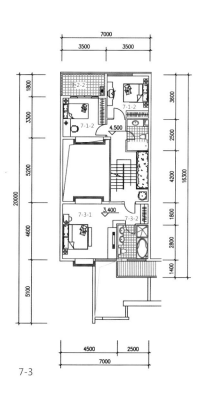

7-3

7

意神
扬似

六五

# 深圳万科
## 第五园

## 院落——"内向"型空间
## 形色——舍艳求素

在住宅单体上，种种院落形式无不着力体现中国传统民居当中那种"内向"型的空间，提供了一方自得其乐的小天地。

在外部形象上，着力塑造墙体的形态，又不使其对通风、采光造成影响。在色彩控制上自始至终贯彻"舍艳求素"的原则，同时大面积的白色墙体也为各种植物提供了良好的背景。

作为潮湿、炎热地区的中式建筑，该项目吸收了富有广东地区特色的竹筒屋和冷巷的传统做法，通过天井、廊架、挑檐、高墙、花窗、孔洞、缝隙、窄巷等，试图给阳光一把梳子，给微风一个过道，使房屋在梳理阳光的同时呼吸微风，让居住者能充分享受到一片阴凉，在提高住宅舒适度的同时有效地降低了能耗。

## 户型展示

项目的主要产品有庭院别墅、叠院HOUSE。

庭院别墅有四个户型，面积在190~234平方米之间，中国传统住宅的标准样式。每个别墅都有"前庭后院中天井"的设计，形成一家三院，在增强空间私密性的同时，也为邻里提供了充分交流的场所。联排私家院落空间层层递进，气派雍容，格局舒适；均有前院，有些户型有小天井，可以直接从别墅顶部采光。大部分主卧配有"空中立体小院"，提高了生活质量。

叠院HOUSE 的三个户型面积在135~165平方米之间，拥有私密性和领域感的"空中立体小院"。以墙和花台为元素，将楼台升级为"空中立体小院"。墙的非封闭围合、花台的因地设置，取得了两个方向的成功，从外向内打量可保证小院的私密性，由内向外观望保证了对院中人视线的收束；送30多平方米的地下室，送顶层露台。

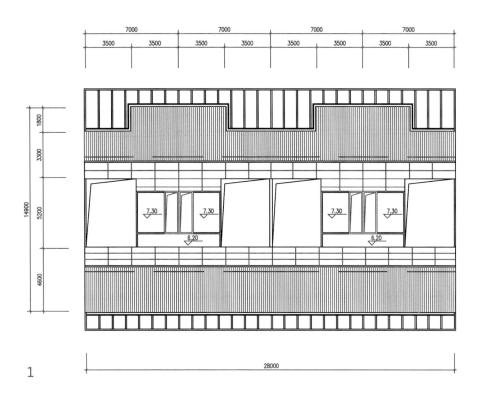

1

2

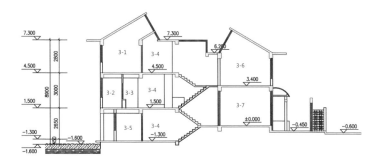

3

2

目标客群特征

**1.本片区周边企业的中、高层管理者及私营企业主**

第五园周边的龙华、坂田经济发达，制造业、高科技企业较多，如华为、富士康、新天下等大型企业。该类企业的高级职员事业、经济上都处于高峰期，购买实力强，其年龄在35~50岁之间，家庭人口在3~5人之间，这些人经历过传统文化和乡土文化的洗礼，有一定的怀旧心理和中国情结，他们主要选择3房及3房以上大户型。购房时比较关注开发商品牌、户型、配套设施等因素。

**2.关内福田及罗湖的高级白领阶层**

由于地理位置上的优势，以及梅林关交通条件的逐步改善，由坂田至关内的时间成本降低，而关外物业在价格上的优势吸引大量关内白领在该片区置业。其年龄一般在30~45岁之间，家庭人口在3~5人之间，文化水平较高，收入水平较高且工作稳定，有一定的思想内涵和品位修养。他们购房关注的因素主要有价格、户型、配套设施，第五园的多层是其最佳选择。

**3.在深圳工作的外籍人士**

很多外籍人士对中国传统的工艺品、家具、建筑物等都很感兴趣，对他们而言中国是个神秘而古老的国家，他们总想了解这个国家，探索其中最朴实最原始的东西。第五园的中式建筑风格对这些外籍人士具有很强的吸引力。

**4.高收入的艺术及文化创意人士**

对于高收入的艺术及创意人士，他们喜欢个性、喜欢宁静的创作环境、喜欢标新立异的产品。第五园产品的唯一性、风格的独特性应该比较对他们的胃口。而万科地产、中式风格、万科物管这些字眼堆积在一起时，这种身份上的标签意义，已经可以促使他们考虑购房事宜了。

**5.投资客**

第五园在产品类型上创造了稀缺性，文化含量比较高。文化是具有杀伤力的，喜欢的人会无条件地喜欢。同时，产品类型上的稀缺性则让喜欢的人别无它选。这两个特性使第五园具备较强的投资吸引力。

**6.在深圳工作或者投资的港澳台人士**

多为在深圳建厂的老板或者高级管理阶层，众所周知，对于传统文化，港澳台人士比国内继承得更好。所以，第五园这种项目，更容易唤起港澳台同胞的好感和认同。

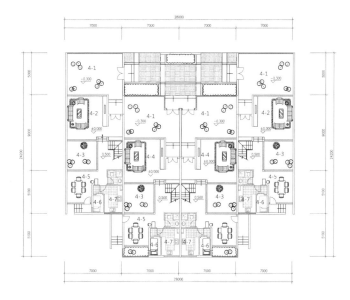

4

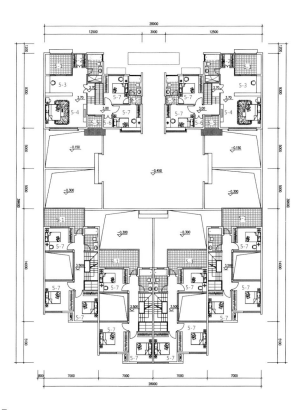

5

| | | | |
|---|---|---|---|
| 1.B型组合屋顶平面图 | 3-4.卫生间 | 4-2.客厅 | 5.CD型合院 | 5-5.阳台 |
| 2.B型北立面图 | 3-5.娱乐室 | 4-3.内庭院 | 二层平面图 | 5-6.储藏 |
| 3.B型剖面图 | 3-6.主卧 | 4-4.客厅 | 5-1.露台 | 5-7.卧室 |
| 3-1.卧室 | 3-7.客厅 | 4-5.餐厅 | 5-2.衣帽间 | |
| 3-2.中厨 | 4.CD型合院一层平面图 | 4-6.工人房 | 5-3.书房 | |
| 3-3.西厨 | 4-1.前庭院 | 4-7.厨房 | 5-4.主卧 | |

院——建筑师通过TOWNHOUSE产品组合形成的"六合院"和"四合院",着力体现中国传统建筑中的"内向型"空间,依稀可以感觉到江南住宅"四水归堂"的性格。

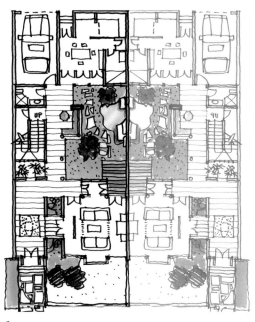

1

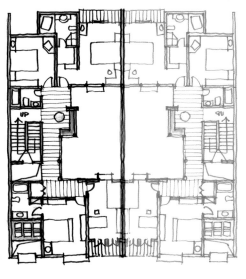

2

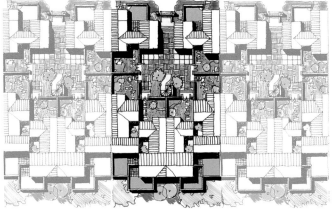

1. 带前院和中庭的联排住宅
2. 六合院
3. CD型合院一层平面图
3-1. 阳台
3-2. 卧室
3-3. 后庭院
3-4. 餐厅
3-5. 工人房
3-6. 客厅
3-7. 西厨
3-8. 中厨
3-9. 前庭院
3-10. 内庭院
4. CD型合院三层平面图
5. CD型合院屋顶平面图

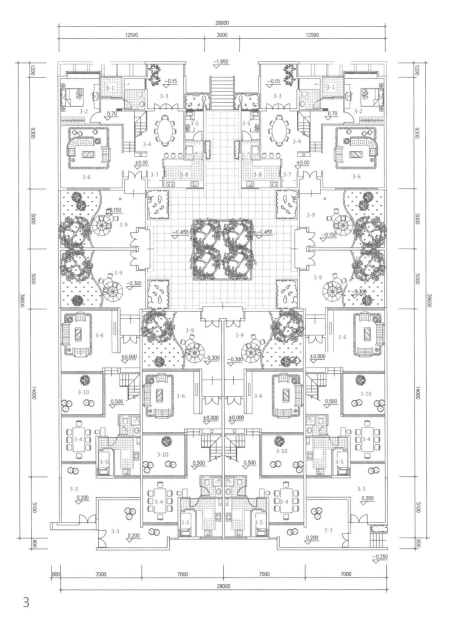

3

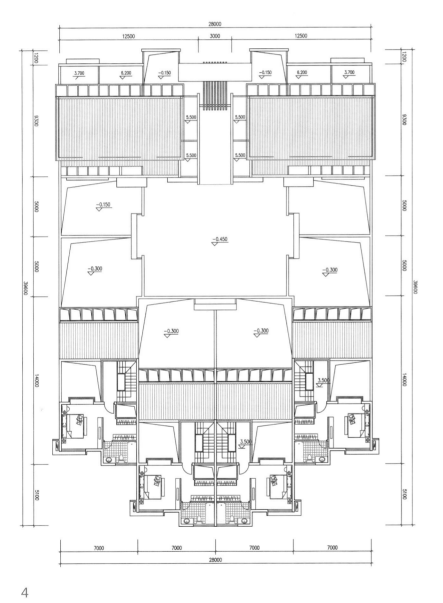

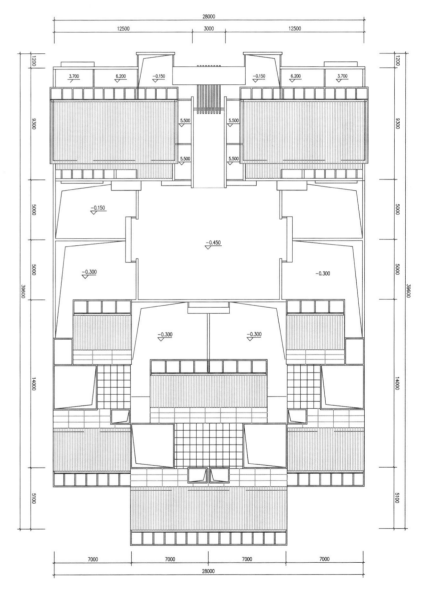

建筑——寻找对比和共性

园林——营造"幽"的氛围

在建筑单体设计中，设计师突出了中式民居的庭、院、门的塑造，采用中国传统民居的建筑符号，如安徽的马头墙、北京四合院的垂花门、云南的"一颗印"、广东的"斗屋"、江南的"四水归堂"天井院……再仔细推敲，进行重新组合和构置，通过寻找空间的对比和共性，在碰撞中寻找一种共鸣，从而形成一种打破时间、空间维度限制的全新建筑环境。

在环境设计的细节处理中，努力营造"幽"的氛围。在"第五园"的步行系统中，乔灌木配置突出其纳凉作用，而富于广东特色的旅人蕉和芭蕉等植物则点缀其间，体现出浓郁的热带风情；实墙前、花窗后、小路旁、拐角处等部位，都设计种植竹丛或竹林，使整个社区环境在窄巷深巷、高墙小院的映衬下更显神色与悠远。

在色彩上，采用素雅、朴实的颜色，穿插少许亮色，使整个社区给人一种古朴、典雅又不失现代的亲和感觉，特别渲染"素"的意味，白色、灰色传达了非常民俗的中国气质，而同时它们又是很纯粹的现代主义的色彩语汇，因此中国传统美学与西方现代住宅形态在此得到了很好的结合。

在建筑材料的应用上，"第五园"也突出了传统与现代两方面的要素，青瓦、砖石、木料与水泥、玻璃、钢等现代建筑材料并存，实现了传统的再造。

第五园能够在崇尚物质、浮躁的当今中国社会，旗帜鲜明地发扬中国传统文化的精髓，以期对社会的文明进度有所贡献，这是值得尊敬的；

第五园能够在抄袭成风、经营短视、利润至上的房地产领域，开创新的产品探索，挖掘中国古典建筑的精华，并对其赋予现代的先进文明理念，这是值得尊敬的；

第五园能够在忽视需求、包装过度、漠视品位的市场环境中，珍视用户的感受，提炼出对消费者物质层面和精神层面的尊重，这是值得尊敬的。

## 深圳万科第五园第三期

第五园三期的庭院别墅既享有55平方米大社区丰富配套设施，又拥有相对独立的别墅领地，空间形态丰富多变，即使在庭院别墅内部组团中，也有多种生活意趣截然不同的空间。由别墅组团围合而成的七合院，超大入户花园，分布于首层，既具备公共休闲功能，又描绘出其乐融融的家庭氛围；前庭、中庭、内院极具中国特色的院落空间，介于极度私密与半开放的灰空间，不仅是家人沟通、共享的场所，还是关乎自然、传统、美学的心灵归属；豪华主卧等个人私享的空间，提供身心休憩的所在；主卧附带的超大露台，属于半开放的个人空间，可供玩诗论月，独坐片刻，喜乐无穷；极富创意的地下室空间，物超所值，可按主人癖好、性情随意布置；如此丰富的生活层次，将中式式的居住情趣随意挥洒。

**第五园三期与一、二期形成完整的相依关系，在存留中式精髓的同时，设计更加现代。**

第五园三期与一、二期形成完整的相依关系，在存留中式精髓的同时，设计更加现代。

在规划方面，庭院别墅更强调村落的感觉，叠院HOUSE则更显活跃、质感更强。

在建筑方面，古朴、淡雅、幽静，努力实现一种"拙"的境界；同时尽可能减少车行线，使得邻里交流更加充分。

在景观方面，更加强调自然的气息。

人行的主路成为连接家与院落的通道，漫步缓缓，诗意的栖居，榕树、竹子和紫薇点缀其间，营造绿意田园。

第五园三期产品形态包括2005年深受市场认同的庭院别墅和叠院HOUSE，其中，庭院别墅保留前院、中庭、后院的布局，并加以改进推出创新户型及全新围合形态，成为更适合现代人居住的东方建筑。

另外三期还将推出景观高层，为中式建筑带来全新的诠释。

**经济技术指标（三期）**
占地面积：84 000平方米
建筑面积：120 000平方米
户数：1 034 户
容积率：1.44
绿化率：30%
商业配套面积：约3 500平方米
幼儿园面积：约3 000平方米
建筑类型：庭院别墅（102套），叠院HOUSE（180套），景观高层（752套）

神似
意扬

## 深圳万科第五园第四期

规划设计理念——流水
建筑设计理念——融、石

为了倡导一种与自然和谐的生活方式，我们以流水为基本规划理念，采用了一种反中心集约的规划或称反规划的规划，强调建筑与环境的水乳交融，创造流转游移的空间体验。

为了使每一户都获得更多的阳光、通风和景观，规划以一梯八户的高层塔楼为主，呈自由、生动的形态分布于地块内。由于每栋楼朝向角度的轻微变化，使得更多的高层住户能拥有城市景观及各不相同的内部景观，在高层塔楼之间围合成形态各异的院落空间，成为城市尺度和人体尺度的中间过渡，并缓解高层建筑对人的压迫感。

各个院落通过局部的架空和灰空间相连，形成类似中国古典园林式的庭院空间布局，水系和堆山交错其中，并遵循建筑物依山面水的原则布局。创造丰富而人性化的社区内部空间，规划以园、院、廊、榭、桥、楼、台等为基本的空间原型创造步移景异的园林式体验。是为"流水"。

居住的真意在于对生活有所感悟，而对生活的感悟无不来自于人对自然环境和社会环境的体验。

建筑灵感来自于太湖石。太湖石的形成源自于石头和水经年累月的交融。这种交融无疑隐含了自然界的法则，也为我们的居住提供了启迪。

如果我们把建筑想象为一座太湖石，太湖石上的空洞即是居住者与外部环境交融的场所。外部环境包含了自然的与人文的。因此，室内外空间的交融渗透以及与邻里的和谐交流成为我们通过建筑所倡导的生活方式。

建筑应当丰富我们对家的空间体验，这包含了回家、居家等一系列体验。建筑通过这些空间体验的设计也丰富我们对生活的记忆。

# 深圳万科
## 第五园

规划面积: 68 216.67平方米
建筑面积: 175 859平方米
规划户数: 604户 (42套双拼别墅与562套170～220平方米大户型)
车位数: 1 200个 (1: 2)
容积率: 1.82
绿化率: 30%
建筑设计: 傲地建筑

七八

第五园第七期属性、区位及目前市场决定了以高端再改自住客为主。这类客户更为注重生活品质的提升，对于价格的敏感度较低，物业需求特征集中体现在追求产品的高端品质及舒适度。同时，这部分客户看中圈层的聚集感，身份感，居住所带来的社会认同价值是他们的追求。

总体规划上，在对基地观场研究分析后，考虑到七期整体规划高容积率的要求，本着高端住宅区的设计定位，而区域北邻环域南路，西邻坂雪岗大道，南侧和东侧均为生态保护山林，环境优雅。故一方面，设计以现有五周一、二期规划和周边环境影响为设计起点，以现有规划布局产生的不同方向格网协调延伸，并加入七期周边山地环境的地形地貌，及日照、景观朝向影响，相互融合，发展变化，将七期项目恰当

融入总规划和周边环境中。另一方面，在城市景观层次，设计保留南面景观优势，设置湖景，将低层朝向南面水景湖面梯级式设置，沿山势临水展开，同时每排住宅横向稍有错落，争取每户均享有最直接和少遮挡的景观优势；而高层并置和分散相结合，依地势和景观特点扭转不同角度，创造城市景观通廊的同时，满足日照需求，保证各户均朝向最有利景观，互不干扰遮挡，形成完整连续、错落有致的建筑天际线。

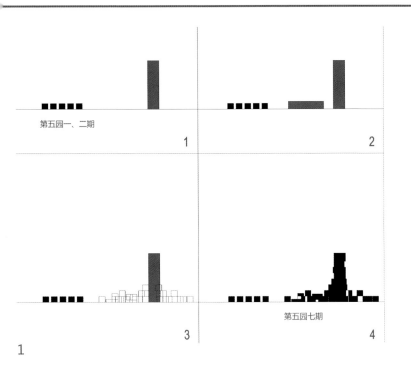

第五园一、二期

1　　　　　　　2

3　　　　　　　4

第五园七期

1

1. 都市天际线进化
2. 都市轴线

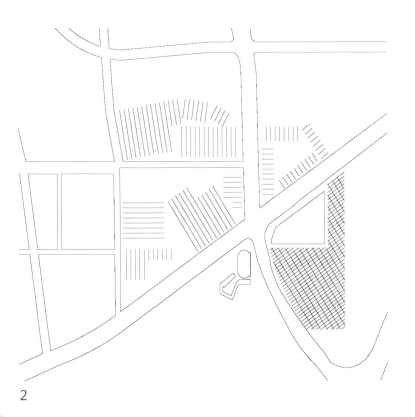

2

原创别墅第四代

近年来随着中国经济地位的提高，民族自信的增强，民族意识的"觉醒"，人们对于经济的高速发展和文化传承的失落之间的强烈反差进行了反思，深刻认识到传承本民族文脉的重要性。这种认识所促成的行动反映在建筑界，就是曾经欧陆风、西式风的建筑大行其道的局面已经有所改善，而越来越多具有现代理念的中式特色建筑开始涌现。

在中国不足20年的房地产市场化历程中，大多数的建筑设计开发更多的是参照和学习国外的为主，万科也不例外。很多项目选择的设计师一般都具有国际化的设计视野和设计经验。国外同类住区成熟先进的设计理念、建筑工艺、建筑技术、建筑材料等均给万科的建筑开发带来不同程度的影响和启发。这一点我们从万科原创别墅的发展历程中，也可以看出一二。

但是，作为中国房地产市场上善于学习和创造的代表，万科也意识到了传承中式建筑精髓的重要性，它最终形成其独特的现代中式建筑风格。这种风格能形成，并取得一定的成功，也有两方面的原因：一方面源自其长时间对国内国际现代建筑的研究和总结，另外一方面源自对传统建筑及其文化的思考和学习。借助现代建筑的规划设计思想和建筑技艺，万科以现代之名成就了暗含有中式建筑影子和核心的作品，这也恰巧成为中国房地产界和建筑界融汇中西、兼收并蓄之后实现创造和突破的一个典型。


本书中选取的中粮本岸和青山湖两个项目作为万科原创别墅的第四代，也是其新一代现代中式的建筑作品。它们展现出强有力的创造欲和原创性，是万科创新住宅观的突出代表。无论是规划布局、庭院环境、空间格局、建筑形式，还是结构形式和构造方面，两个项目都是一种新的建筑语言与建筑形式，它们都属于传统与现代、西方与东方文化融合的典范。

它们无疑在中国别墅的风格探索之路上做出了大胆而成功的尝试，也为万科后续产品的进一步提升和创作提供了理论印证和有力的实践支持，同时为如何较好地解决同类型问题提供了活生生的案例和蓝本，为国内同类型

别墅开发提供了一种全新的设计观、居住观和品质观。这样一种设计观、居住观和品质观，既是对以往传统的设计和居住模式的颠覆，又是对新的设计趋势和居住需求的引领。它展现了万科独特的理念和执着的研究精神，其不仅仅只着眼产品创作，还要迎合市场需求。万科注重精心研究消费者需求，并从社区文化和邻里关系维系的角度来考虑色彩搭配、平面布局、材料运用、景观绿化，把视觉体验、感官体验、居住体验、心灵体验与建筑的形式、空间和功能有机结合呼应起来，达到居住环境与人、自然的和谐统一，营造非常强烈和独有的住区艺术文化氛围，最终诞生一个能适应和引领新的生活模式要求、代表新的生活标准的案例。

万科以领先的观念，创造新的产品，其设计和开发得到了市场高度的认可。这一切，都将给国内建筑界和房产界提供诸多启发和思考，值得业界学习和借鉴。


万科借助开发现代中式别墅来实现品牌和利润的最大化，这样的需求无可厚非，反而值得肯定和借鉴。在万科的战略地图上，创新的建筑观只是其中一个环节，但万科往往就是通过差异化和独特化的产品开发，来实现产业的扩张和品牌的推广，推动万科的产业边界不断向外扩展。

按照万科2004年规划，连续10年年增长30%之后，2014年万科销售额将达到1093亿。要达到这一目标，创新的住宅观仍将是万科一个重要的利器。万科在不断复制和拷贝项目的同时，必将借助类似十七英里、第五园、本岸等这些原创的差异化的项目。从这个角度来说，中粮本岸和青山湖项目的价值和意义远远超越了其建筑本身。他们代表万科现代中式别墅的建筑观正式成型的同时，昭示了万科过去的轨迹和未来的方向，这个轨迹和方向就叫"万科创造"！

原创引野圭第四代

四代产品的历程

万科,作为房地产开发企业的标杆企业,万科产品体系的形成是万科在20多年开发经营过程中积累的宝贵经验,他完整的体系是我们学习的榜样,从了解万科的产品的过程中学习其精髓。

万科产品的定位来自于对客户的精确理解,将客户作为最稀缺的资源来对待。在目前的地产市场而言,大部分房企还处在项目开发为主的产品导向阶段和市场细分定位的市场导向阶段,而万科在将土地到产品的过程中以客户因素为主导,明确的土地决策为基础,辅以强大的产品设计能力。真正的进入以基于客户细分的客户价值和客户需求的导向阶段。灵活运用客户定位细分的工作思路,以满足彼此可以识别、彼此之间有差异、贯通所有环节的要求。

### 第一代: 迎合潮流, 探索本土市场

典型作品: 威登别墅: 错落有致, 红坡屋顶的城堡式建筑。欧式风格与中国园林的结合。
　　　　　西郊花园: 双重环型别墅。

洞察与思考:
20世纪90年代初, 外商投资速度和深度强劲增长, 适用商业发展的家居别墅应运而生。这一阶段, 基本上是探索高档住宅消费需求、单纯地迎合市场的初级阶段。在户型上, 也只是单纯地追求面积的放大, 基本缺乏空间设计的概念。

影响力:
万科打造高端项目的起点和尝试, 迎合当代别墅开发潮流, 复制国外的开发模式, 引发90年代的别墅开发热潮。

### 第二代: 借鉴国外经验, 个体意识觉醒

典型作品: 兰乔圣菲: 以美国Rancho Sant Fe小镇的古典别墅为原型, 展现国外隐世独亨的生活理念。
　　　　　十七英里: 以美国加州蒙特里著名的"17 Miles Drive"为原型, 是万科第一个海景别墅。

洞察与思考:
兰乔圣菲的南加州建筑风格的始引入者, 这里已成为原味生活经典所在。十七英里借深圳海滨的自然优势, 将多种顶级资源收纳怀中、创造了一幅完美的画面。

影响力:
全面充分借鉴国外顶级别墅的开发经验, 以独特的市场定位, 将欧美国家顶级别墅生活方式带入国人视野, 满足现代富足阶层引人入胜的生活方式。

### 第三代: 风格主义, 回归传统的思考

典型作品: 红郡: 传统英伦居住风格, 重视交流, 强调尊重, 追求精致生活, 强调个性。
　　　　　第五园: 吸纳众多中式精华, 辅以现代建筑文化及特色, 白墙黑瓦简洁的外观和色彩, 体现典型的江南水乡风格。

洞察与思考:
第五园融合了现代时尚元素与传统建筑风格, 表达了万科对"中国民居文化"的深切关注与思考。红郡运用英式TUDOR为其建筑风格, 还原最传统的英伦居住风格, 其背后包含着英国传统文化重视交流、强调尊重及对精致生活的追求。

影响力:
在中国别墅的风格探索之路上, 做了又一次新的尝试, 使之成为居住者的精神符号, 为万科后续产品的进一步提升和创作提供了理论印证和有力支持。

### 第四代: 前所未有, 皆因此前所有

典型作品: 万科中粮本岸:
　　　　　剔除传统中式建筑的繁杂元素, 还中式居住建筑的细致和简洁, 浓郁的新东方建筑风格。

地理位置: 深圳市罗湖区红桂路一街2号
占地面积: 4 141平方米
建筑面积: 10 600平方米
容积率: 2.56
总户数: 104 户
开发时间: 1991年

深圳万科威登别墅

占地面积: 230 000平方米
建筑面积: 348 000平方米
开工时间: 2009-08-01
竣工时间: 2013-09-01
开发商: 武汉万科城市花园房地产开发有限公司
户 数: 总户数3 000户、当期户数3 000户

武汉万科红郡

地理位置: 古北新区荣华西道58弄
占地面积: 55 400平方米
建筑面积: 27 800平方米
容积率: 0.5
绿化率: 52%
总户数: 88幢别墅
开发时间: 1993 年

上海万科西郊花园

地理位置: 深圳市龙岗区布吉镇坂雪岗南区
总用地面积: 130 000平方米
总建筑面积: 125 000平方米

深圳万科第五园

中国的兰乔圣菲是深圳万科地产top系列作品中的一个著名品牌,隶属于万科臻品别墅系列产品,在全国都统一称为兰乔圣菲,增添了项目品牌的知名度和业主的归属感。让兰乔圣菲成为一种身份的代名词。

兰乔圣菲

地理位置: 浦东金海路3333号
容积率: 0.60
均价: 30 000元
绿化率: 50%
开发商: 上海万科房地产集团有限公司
建筑面积: 60 000平方米
占地面积: 100 000平方米

上海万科第五园

地理位置: 深圳龙岗区葵涌镇溪涌
物业类别: 别墅
开 发 商: 深圳市万科房地产有限公司
竣工时间: 2004-01-01
建筑类别: 联排、独栋、叠拼
容 积 率: 0.75
绿 化 率: 60%

万科17英里

地理位置: 苏州工业园区琼姬路69号(南施街与琼姬路交汇处)
容积率: 0.80
绿化率: 45%
开发商: 万科中粮(苏州)置业有限公司
车位配比: 1:1
建筑类型: 独栋别墅,双拼,联排,叠拼
建筑面积: 120 000平方米
占地面积: 150 000平方米

万科中粮本岸

原创别野墅第四代 / 南昌万科青山湖名邸

**项目难题:地段较偏,缺乏现代中式的配套产品,如何解决客户的接受度,实现价值突破?**

地段偏

离市中心约10公里,周边民房遍布,地段较偏,配套设施基本没有;

资源不突出

优越的青山湖湖景,但南昌有赣江,且市内有11个湖。

新产品

如何让南昌客户接受一个现代中式产品?

价格高

如何突破产品多样、高密度、打造豪宅形象?

**青山湖传奇之六脉神剑:**

第一脉:国宅定位

挖掘历史文脉,树立万科青山湖"国之正统从来青山湖"的价值与形象高度,奠定"骨子里的中国"的文化品格。

第二脉:文化包装

广告、楼书、专题片,精致、高雅的视觉氛围塑造客户的高端圈层属性,打造"正席国宅"的顶级豪宅形象,建立了万科青山湖高品质豪宅的物料传播系统。

第三脉:创新渠道

渠道创新主要表现为与银行VIP中心、奔驰宝马车行、江西财大MBA校友会、高尔夫球会、高端消费场所广泛合作,有力地保证了客户的积累。

第四脉:圈层活动

圈层活动,文化活动培育客户对中式生活方式的高度认同。

第五脉:服务展示

预约接待、一对一营销接待服务、五星物业服务、创新"销售+销售后勤+物业服务"模式,销售与物业同步服务成就高端产品价值。

第六脉:关系客户营销

梳理客户,在开盘前随时梳理客户与房号进行预销控制,关系客户、备选客户,可引导客户三重确保销售顺利。让产品始终处于"稀缺""争抢"状态,高解筹率创造了万科青山湖畅销传奇!

万科青山湖的传奇:

第一个现代中式楼盘

第一个均价超过2.2万的联排别墅

创造南昌别墅最高价4.6万/平方米,成为南昌楼市价格天花

别墅比周边竞争同类产品高6 000~10 000元/平方米

万科青山湖已经成为江西第一豪宅!

万科中式别墅的实践历程:

第五园的"骨子里的中国"是一种清雅、风骨的表露;

棠樾的"骨子里的中国",则是风物时代的富足奢贵之风。

而青山湖的"骨子里的中国",则讲究中式建筑的排场,隐形阶层著贵生活的当代回归。

从第五园、棠樾到青山湖,不同时期,不同的市场环境和客户价值取向,对"骨子里的中国"也有不同的理解:

第五园是在站在现代看传统,是中国建筑的苏醒;

棠樾是站在世界看东方,是对中国别墅当代形态的探索;

青山湖则是对中国建筑融会贯通的运用,是"骨子里的中国"成熟诠释。

万科青山湖是一个完全超越了居住本身的价格,更是一个对资源的和谐利用,对自然的回归,是凌驾中国居住文化之上的精神享受,是一个前所未有的生活方式。

结合对南昌市场和人群的理解,万科青山湖,在现代中式别墅所提供的生活方式上,和棠樾、第五园有所不同。

第五园代表着文化人士的价值取向:清雅、高洁;

棠樾则是当代商贾的价值取向:富贵、和满

万科青山湖所代表的则是权贵权富阶层:隐秘、内敛。

万科青山湖在产品和人群之间的价值对接:隐贵阶层的中国式隐秘生活。

万科青山湖名邸60米绿化带——如左下图红色区域所示方位，在项目建筑还没呈现出来之前，此区域作为项目亮相第一块区域，因此，这60米绿化带的建造尤为重要。考虑到项目的TOP性质，对此区域建造建议如下：

**现状：**

1. 现场大环境于青山湖周边其项目绿化带没有明显的差异化；

2. 绿化带树种偏小，在5月底难以达到与豪宅项目相匹配的震撼效果。

**怎么改？**

在临湖别墅前60米绿化带上我们应该做到：

1. 在气势上一定要体现出项目豪宅的大气；

2. 给人一种高贵气质，不容侵犯的心理感受；

3. 由衷产生一种对能居住于此的向往、羡慕；

4. 能让目标受众感到这里就是他们想要的居住环境。

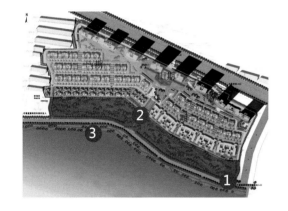

**建议在三处进行改造：**

1. 如左图红色区域所示1处环湖改造：

移植高大、枝繁叶茂的樟树，让人一进入这项目区域就明显感到与众不同，有一种贵气和气质，这样到现场的人才会记住项目，并对项目产生向往、羡慕和敬仰之情。

环湖路项目区域内道路两旁，在路与树之间种植1.2米宽、1.5米高的矮植软隔离带，这样对整个绿化带来说感觉上是开放的，对路人来说可以看到里面的园林和建筑，但又对闲人起到软隔离的效果。

2. 如左图红色区域所示2处绿化带入口处建议：

在绿化带入口处我们建议在此路口栽植的树种要更高大，特别是树冠要大，配上原石雕刻项目名，也是彰显其项目的文化内涵和尊贵；这样对进入小区的客户也有种仪式感和昭示感。

3. 如左图红色区域所示3处湖边改造建议：

由于现湖边景观也是我们项目的主要资源之一，因此，我们建议在原湖边小路边加上原木栈道和休憩桌椅，这对于客户来说，资源占有感会更强，从而满足客户更多的心理价值。

# 南昌万科
## 青山湖名邸

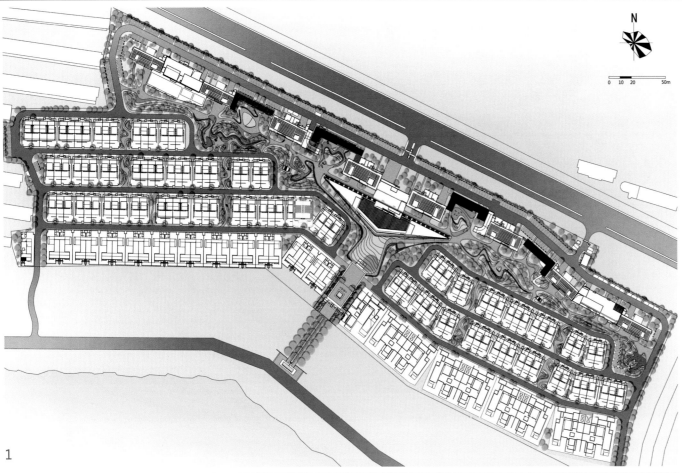

1

项目地点：江西省南昌市青山湖湖滨东路2888号（青山湖正北岸）
占地面积：97 061.32平方米
建筑面积：172 939.2平方米
建筑类型：大宅、双拼别墅、联排别墅、高层
总户数：620户
容积率：1.4
绿化率：35%
开发商：江西万科青山湖房地产发展有限公司
建筑设计：上海日清建筑设计有限公司
施工单位：浙江杰顺
景观设计：北京清华城市规划设计研究院
物业公司：江西万科益达物业服务有限公司
代理商：深圳世联地产顾问有限公司

经济技术指标
住宅计容面积：133 266.15平方米（1、2号楼3 411.18.63、64号楼28 028.24、
60、62、65、67号楼33 354.3、低层住宅37 774.43，单位为平方米）
非住宅面积：2 582.05平方米（商业配套设施639.35，三班托儿所
293.67、社区服务用房722.21、其他配套设施326.82，单位为平方米）
地下不计容面积：3 816.22平方米
地下建筑面积：33 274.74平方米
建筑密度：0.238
机动车位：764

3 青山湖

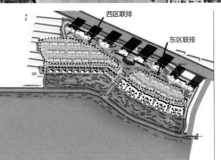

4

1. 总平面图
2. 鸟瞰图
3. 区位图
4. 一、二期产品分布图

回顾万科中式别墅的实践历程，第五园是站在现代看传统，是中国建筑的苏醒；棠樾是站在世界看东方，是对中国别墅当代形态的探索；青山湖则是中国建筑融会贯通的运用，是"骨子里的中国"成熟的诠释。它结合了南昌历史文化名城的独特气质，从八大山人朱耷的书法和绘画中提炼笔意，让自然和人文充分融合，借鉴自然界中的曲线，运用现代的设计手法和施工技术，融入中式的元素和生活印记，演绎骨子里的中国。项目应用中国传统建筑空间的概念与自然接触的设计理念，从传统建筑中吸取中国民居的特色，形成了形态各异的院落；整体格局以"前庭后院、有天有地"为特色，通过片墙、庭院的巧妙设计，在保护主人私密性的同时，最大化丰富别墅的自然景观资源，屋内移步换景，处处可与自然亲密接触。

## 区位分析

基地位于南昌市北部青山湖北岸。地块东西向狭长，西北面靠江纺社区，目前连接青山湖北大道的丹霞路与项目相通。环湖路为一条景观路，沿湖可绕行青山湖并直通市区。周边的自然环境优越，南面紧邻青山湖，风景优美；基地周边地表植被良好，四面视野开阔。项目的生活配套主要依托基地周边的江纺社区。包括江纺医院、江纺幼儿园，均距该项目仅为10分钟路程，新才小学距该项目为15分钟路程，十五中和塘山农贸市场距该项目为20~25分钟路程。此外，青山湖周边已经逐渐形成较为成熟的住宅区域，交通和配套设施也正在逐步完善；尤其是丹霞路修通之后，基地距南昌市的传统商业、行政区域将更为方便和快捷。

## 市场分析

本案位于青山湖北岸，与之相关或者相连的区域主要有青山湖区域以及京东版块。

**产品类型** 这个区域内产品类型丰富，有多层、小高层、高层、别墅类产品、花园洋房。

**产品规划** 这两个区域内个案在产品的规划上，均以均好性为规划指导，大型个案以组团围绕主题中庭形成整体，小规模个案则以均好性为主，大都采用行列式排列。高层产品的规划通常有大型中庭花园与自然景观相结合，注重居住的品质感。

**洋房、别墅** 此类是住宅中较为高端的低密度产品，居住环境优越，其在本区域各规模个案中均占有一定比例，并且该比例有增大的趋势，它将对提升项目的整体档次有着深远的影响和作用。

**主力户型** 这两个区域均有天然的湖景资源，青山湖区域有青山湖，京东版块有艾溪湖。青山湖区域直接与市中心相连，各类户型面积在同类产品中均明显偏大；京东版块由于与高新技术开发区相连，区域的成熟度相对较低，但幅员辽阔，可供规划和设计的空间较大，产品类型丰富，户型面积也相对偏小。

**客源层次** 青山湖区域的客源以南昌市中高层收入的二次置业客为主，京东板块的客户则以相对年轻、收入较客观的阶层为主，两个区域的客源层有一定的重叠性，或者说，京东板块的客层也可能成为青山湖区域准二次置业者。

**建筑风格** 从在推的个案来看，建筑风格越来越受到开发商的重视，主要有加州风格、西班牙风格，色彩以米黄色、砖红色为主，大都采用坡屋顶设计。

## 定位策略

项目定位为湖区别墅和湖景高层结合的高端社区，豪宅定位与配套设施打造江西首席豪宅。产品设计方面进行创新，除了高层的大面宽设计，最重要为中式庭院感别墅。

项目别墅设计继承"骨子里的中国"理念，以中式建筑文化为基础结合现代人居理念，打造万科第四代别墅产品。与目前市场上的欧陆风格别墅项目不同，青山湖项目中式文化倡导与自然共生长的生活方式和符合传统的天人合一的生活理念。

神似
意扬

三九

## 规划——呼应现代城市形态

纵观万科青山湖项目，它位于青山湖北侧，是一个沿东西向展开的狭长地块，南面正对青山湖形成绝佳的湖面景观，北面则可以眺望赣江。同时，作为南昌城市环境构成的重要一部分，它清晰地勾画出青山湖北面的城市轮廓，和远景天际线融合。

为了实现标志性的城市形态，项目的高层设计以最为纯粹、最为简洁的8个点式建筑形成水平展开的完整的建筑体量，与水平展开的宽广湖面形成协调统一，产生强烈的视觉冲击，将水平的湖岸、水平的天际，用水平展开的建筑线条和谐地衔接在一起。

在高层的南面，是带状、平铺向地面的低层住宅，分成东西两个组团分布在中央绿化景观带的两侧，面朝青山湖及其环湖公园开敞布置，形成环境优美的湖滨小住宅群落。每户均有北面入户的车位及南、北两个私家院落。

## 内部——继承传统民居设计精髓

项目在别墅建筑内部设计了三进十院，把传统民居"四合院"注重与自然融合、天人合一的设计精髓完美地继承下来。三进门庭，由街门进至房间，形成步移景异，别有洞天的变化；十重院落，精妙布局，上下尊卑，内外亲疏，一切井然有序；三进门庭，礼法尊荣，取自中国民居"五凤门楼"之精髓的万科青山湖大宅，用现代中式简约的建筑技法，营造藏而不露的正统中国居住方式；形简而神厚，前后院落错落，左右院井峙，中有天井，法自然朴素端庄，精妙绝伦，暗含传统中国之天地人伦合一的宇宙精神，景静林间独自游，悠然行走于诗画之间，身以归依，心亦入禅。

# 南昌万科
# 青山湖名邸

一零零

## 形态——通过组合式院落组织空间

青山湖的别墅之所以被称为"国宅",主要因为其真正符合中国人居住需求。区别于西式以"厅"来组织空间的格局,中国人讲究的是"道法自然、天人合一",真正的中式别墅是通过院落来进行空间组织的。通过各个房间与其周边不同院落之间的组合、沟通、形成移步换景、人与自然和谐交流的生活体验。同时,"国宅"在设计之初就充分考虑到城市住宅对"私密性"的高要求,建筑形态上打破西式外围型花园的敞开化,通过组合式院落将其有私密性的花园摆放在别墅内的不同位置,营造出"庭院深深、柳暗花明"的感官享受。

## 立面——使用现代建筑语言

本案的高层设计试图用最现代、又极富创造性的新颖的建筑语言来诠释建筑的标志性。充分表现建筑本身的虚实对比和不同角度的阴影变化。而楼和楼之间,又通过错落的空隙处理,来形成如五线谱的谱线与音符一样的韵律。

## 环境——引入禅意园林创意

设计师引入了禅意园林的创意设计,将江西传统文化的精髓融入到现代生活中;同时,万科青山湖的禅意园景引入了清代南昌美术大师八大山人的书画笔意,汲取"大自然的山河曲线"和"八大山人朱耷书法的笔峰",打造了梅、兰、荷、竹、菊共5个园林,使自然与人文充分融合,构建出的是一幅"胸中有山河"的园林景观,亦如江南诗意的曲水流觞,曲曲款款,映带于青山湖畔的家宅庭院中间,诗意山水的典雅韵味让居之者忘老、寓之者忘归、游之者忘倦。

## 绿化——塑造城市绿肺

设计的规划形态使得用地尽量的节省,腾出最大的空间用以营造自然环境和生态景观,既构建出最好的居住场所,又为城市提供原生态的绿化资源,形成城市的绿肺。低层住宅的布置形态,使整个小区的核心,形成了一个近2万平方米的现代园林,气势磅礴、东西通透,它北靠标志性的高层体量,并沿湖滨水平向展开,在其中由一条小区的主轴直指湖面,将湖面的清风引入,纵横交织,一派湖滨风景的怡人景象。

建筑面积约240平方米
四室二厅四卫

1：1的专属私家电梯，安全尊贵享受直达于家的惬意；
纯板式南北通透，光霁明朗，藏风纳水世家大宅的尊贵气象；
布局方正合理，动静相宜，大气尺度尽显王者之风。

## 目标客群特征

本案的目标客户定位为追求一种顶级品质感的、自然的生活境界的豪客。他们有着身份感和归属感，注重财富积累和资产增值，在投资和消费上精细且理性，对于新事物和新生活方式接受并期待。

在置业方面，他们追求安全、健康、环境舒适、高层次的生活居所，同时希望是有区域代表性的物业，具有全心休闲空间和生活理念。

## 户型展示

项目抓住南昌人居"夏炎冬寒""闷热湿冷"的重点，结合万科青山湖坐北朝南的地理优势，设计出二梯二户大面宽短进深、纯板式、"山"字形天际线的高层产品。为了满足业主最大的观景需求，团队设计了面宽达7.5米的超大连体客餐厅，居者凭栏独享300万平方米的浩淼湖景，"一览众山小"的君临天下的气度油然而生，更可私享独具画意的写梅园、写兰园、写竹园、写菊园、写荷园，感受到隔代大师对自然与世界的深切感受，熏陶品味自然的天工智造。

在别墅区设置荣耀格局，打造1:1专属私家电梯，安全尊贵享受直达于家的惬意；纯板式南北沟通，光霁明朗、藏风纳水世家大宅的尊贵气象；布局方正合理，动静相宜，大气尺度尽显王者之风。此外还有王之尊阔，画宽尺度达8.4米的双厅格调，气派非凡，尊贵大气的双开门设计，结合厨房、生活阳台、早餐台的尊享空间，开启世家王者的尊阔荣耀；王之奢私，设有4.5米超大主卧开间，独立书房，衣帽间、盥洗室，私享空间南向揽胜，一湖世界，双次卧套房的豁达设计，荣耀家族的王者之风；湖光盛宴，设置逾8米景观阳台，奢享空中花园的尊稀，与此胜揽316公顷青山湖浩淼湖光，收藏中央园林的雅意，君临之上，婆娑弄影，凭栏赏茗，人生恢弘的风景，只少数人有幸私藏。

蔡兢凯
上海日清建筑设计有限公司

青山湖名邸秉承了万科第五园系列新中式的风骨和名义，　但在路数上更加不拘一格，颇有挥毫泼墨的自由和野趣。低层住宅强化了院落的围合与递进关系，以更具乡土元素的建筑材质和节点细部做法，来丰富和完善传统江南民居的情感体验。

**编者**：在设计的过程中您一直坚守的是一个怎样的原则或是设计理念？

**蔡竞凯**：《滕王阁序》里面有一句话"层峦耸翠，上出重霄，飞阁流丹，下临无地"。这是历史对南昌这座城市留下的刻印，我们在青山湖名邸的南面临湖入口处留了"下临无地"四个字，我们希望这个项目，也能给这座城市留下些什么。

**编者**：作为设计师，会赋予项目一个不同的灵魂或者是独特之处，在这个项目中您认为项目的灵魂或者独特之处是什么？

**蔡竞凯**：作为一块地理位置卓越、风景绝佳的居住用地，青山湖名邸的市场定位较为高端，项目于是有了在规划、建筑设计和产品定位上突破常规的前提和必然。规划格局"拉高拍低"的手法已不鲜见，在这个项目中尤为极致。临湖一线为两层住宅，面宽达18米，和滨湖路之间不设置围墙，一片缓缓的草坡，几株苍劲的白桦，便到了湖畔；之后是三层的联排住宅，强调的是递进而变化的、高度围合感的庭院空间，私密而内省。最北侧，是8栋高层住宅，中间两栋拔高至38层，更显奇骏、挺拔，让青山湖北侧的城市轮廓线更富于变化。清华大学建筑学院的朱育帆先生的景观设计团队，以八大山人的飘逸笔墨为立意，道法自然的园林景观充满睿智和惊喜，在强化中轴对称关系的同时，亦润化了不同类型住宅之间差异和对立。

青山湖名邸秉承了万科第五园系列新中式的风骨和名义，但在路数上更加不拘一格，颇有挥毫泼墨的自由和野趣。低层住宅强化了院落的围合与递进关系，以更具乡土元素的建筑材质和节点细部做法，来丰富和完善传统江南民居的情感体验。毫无疑问，无敌的临湖景观是其最大的优势，因此大面宽的观景阳台，顶部的玻璃幕墙，折板，竖向线条，飘逸而变化的水平向彩釉玻璃栏板等现代语言登场，整个调子也更趋于"阳春白雪"，阳光下的白色墙面倒影于湖面，闪耀着粼粼波光。如前所述，这个项目有条件与迎合大众口味、以市场为导向的地产类项目所区分，喜爱法式大宅尊贵感的消费者，不一定能接受和喜欢它的立面情感，但在一个更精细化的市场层级，放弃了风格的"标签"和"消费"，着眼于住宅属性的本体回归，亦成为了它获得市场成功的重要策略。

在此，我想感谢朱建平先生，以及万创、江西万科设计部的各位同仁，你们赐予了青山湖名邸以灵魂。也在你们的坚持之下，这个项目从一而终坚持着自己的道路。再举个例子，我们设计的社区中心，类似于堪培拉的澳大利亚联邦议会中心，它是一座覆土建筑，人们可以通过两条缓缓的绿草坡，走到建筑的上层，来到平台上凭栏远眺青山湖。建筑有千百种面孔，风格迥异；这座会所既非雕梁画栋也不是亭台楼阁，它甚至都没有一个华丽的立面来展现它的风格；但作为位于一座"聚居"核心位置的公共空间，它传递出的情感与教化的力量，家园温情的召唤，千百年来，从黟县西递村的敬爱堂，到深圳棠樾的塘夏徽州祠堂，再延续到上海第五园的鄱阳老宅，一脉相承。

**编者**：在这个项目中，您最大的心得体会是什么？

**蔡竞凯**："下临无地"在这儿不再仅仅是一句表达奇骏、高远感受的形容词。它是舍得忘我的胸怀，是大繁至简的格局。摒弃对风格的雕琢，回归于居住空间的类型研究，回归于精神层面的返璞归真，对乡土故里情怀的比兴。也许，这正是这个方案设计坚持了近五年时间的项目之中，建筑师的乐趣所在；也是一个商业化运作的地产项目，对社会价值的贡献所在。

苏州万科中
粮本岸3期

原创引野主第四代

苏州万科中粮本岸3期

别墅在中国古已有之，唐诗中就有"别墅临都门，惊湍激前后"。历史上的中国别墅，往往是达官贵人、商贾名流功成名就之后的退休归隐之所，对于他们来说，别墅的意义不仅在于居住的价值，更在于表达别墅主人的精神旨趣和审美取向。

本岸选址湖东琼姬路靠近南施街，进则有金鸡湖商业区的繁华主场，退则有斜塘河畔*潺潺*流水、茵茵绿地的静谧安逸。古人有三隐之说："小隐隐于野，中隐隐于市，大隐隐于朝。"对于现代人来说，真正的大隐之地，应该是在繁华中独辟静谧，既不失自然水土的本真之态，又与都市的时尚节奏保持恰到好处的距离，城市的质感与自然的气息随意切换。这样的尺度，正符合中国传统豪门府邸的选址原则。

万科中粮本岸位于湖东低密度高尚别墅住宅区的核心位置，是万科在苏州最早打造的纯别墅社区。项目从2007年一期的两进三院新中式别墅，到二期极致宽敞的叠加别墅，再到三期五进空间的双层双拼别墅，一步步见证了苏州别墅的发展。

万科中粮·本岸项目定位为现代生活的一种居住典范；作为万科在苏州的别墅项目，本岸不仅融合了苏州的传统文化元素，更加关注现代城市生活的归属与追求，这也正体现了万科品牌的前瞻性和行业的引领性。本岸建筑规划张轲说，本岸的设计是完全根据现代生活生理与心灵的舒适而为。香港著名设计大师、本岸艺术总监陈幼坚先生也用自己独有的生活和艺术视角阐述了他对本岸的理解，从梦江南到现实水乡，从传统情怀到现代演绎，本岸在其诠释之中，展现为一个可游、可行、可观、可居的理想空间，其居住理念将会融入至本岸的室内设计之中。

**影象**
现代和传统的界限在这里模糊，熟悉的气息隐藏在浓烈现代影像深处。
155 700平方米的空间，规划三期开发。

**印象**
不挑檐、不画栋，形式少了，内涵深了。

**空间**
中庭、正房正院、房房朝南、全地库人车到户…空间与形工艺的结合，既实用又富有灵感，透出智慧。

**神髓**
形减、质精、神厚。

一个玩笑引发的案名

项目名要求意味和涵蓄力以及大气的格局，
本案的案名？干脆直接就叫"本案"得了！

本岸：
岸是一种界限，也是一种界面。
既意味着对立，也意味着交融。

本岸，与"本土"是近亲，传承一脉共同的文化和理念；
本岸，与"彼岸"是远亲，分享一脉共通的经验拓创造。
本岸，即是一种立场。

见滨园

万科中粮本岸三期见滨园的名字来源于日本千叶幕张的一座日式庭院——见滨园，日式庭院见滨园是一座有名的茶室，它犹如现代城市建筑群包围中的一座绿洲，风景如画，布局环绕精巧。手握一杯茶坐在闹市静谧的茶室，欣赏着窗外如画般的风景，那种惬意无以言表，万科中粮本岸政其精髓，将其移植于苏州。

1. 总平面图
2. 鸟瞰图

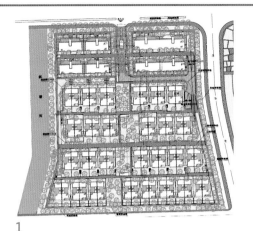

1

2

## 万科为中国创意

化繁为简，这样一个透晰着智慧和创造的过程，经过记录、沉淀和升华，我们称之为"创意"。在中国土壤上创意，为中式的建筑创意。

1.万科打造湖东项目最具高度的总结和提炼，在中式基础上创新现代建筑，实为创意过程和力量。
2.万科专属，符合万科姿态和底气。
3.在传播上，平实到来，自由份量。
4.超越第五园之骨子里的中国，万科的创新不仅和市场上的其他产品比，也和自己比，不断创造新的产品和推广标高。

用风格化的逻辑印证、表现引领潮流的观念和产品。

## 1.何谓引领潮流的观念和产品?

关于产品
14个词汇、7组矛盾的对立与统一。

1. 很简约、很细致
简约建筑线条与立面、精致空间、两进三院、前后花园、中庭花房。

2. 很轻灵、很厚重
不挑檐、不画栋、青砖白墙、形减而神厚。居者沉稳、内敛、心境豁达。

3. 很隐私、很阳光
人车直接入户、自然光私家地下室。户户朝南、采光好、屋顶阳光房。

4. 很朴素、很挥霍
简洁而不简单的公共空间、奢侈的私享空间、双车位、双庭院、阳光地下室。

5. 很浅白、很深刻
不繁琐、不沉重。长幼有序、内外有别、人与建筑的统一、人与自然的和谐。

6. 很中国、很时尚
中为体、西为用、不简单复制、而变化其法、呈现兼纳世界的时尚气质。

7. 很另类、很主流
创新观念、特立独行、另辟蹊径、引领潮流、今日的先锋、明日的主流。

项目地点：江苏省苏州市工业园区琼姬路69号（南施街与琼姬路交汇处）

占地面积：150 000平方米

建筑面积：120 000平方米

建筑类型：独栋别墅、双拼、联排、叠拼

总户数：300户

建筑层数：2-3

容积率：0.8

绿化率：45%

竣工时间：2011年12月1日

开发商：万科中粮（苏州）置业有限公司

艺术总监：陈幼坚

建筑规划：北京标准营造建筑事务所 张轲

景观设计：和计画

空间设计：IADC国际涞澳设计公司 张成喆

会所设计：Design333建筑工程事务所 李慈恩

物业公司：苏南万科物业管理有限公司

代理商：思源经纪

项目区位图

## 区位分析

项目位居苏州工业园区湖东最繁华的CBD核心。金融机构、5A级高端写字楼、国际博览中心、科文中心、幸福摩天轮等各种商业配套设施齐全。作为园区行政中心2公里范围内最后在售的纯别墅小区，项目有着优越的位置，它隐耀于园区最大CBD商圈，地处中央商务区的10分钟车程生活圈内。区域内有快速交通网，轻轨1号线、未来轻轨3号线、金鸡湖路隧道、独墅湖隧道、沪宁城际高铁、京沪高铁等完善大交通配套设施。此外还拥有高品质完善的教育配套产业，如新洲双语幼儿园、园区第二实验小学、方洲小学、园区十中、西安交大附中、苏州新加坡国际学校等。基地所在有十里斜塘、浓缩文脉之地。"灰瓦白墙、小桥流水""因水成市、枕河而居"。苏州古城有七里山塘、园区有十里斜塘，彼此呼应之间便是浓缩了的老苏州文化。

## 市场分析

苏州市场的七大别墅板块包括：太湖板块、木椟板块、古城区板块、阳澄湖板块、青剑湖板块、石湖板块和双湖板块。

这些区域别墅周边环境的特点可归纳为三类：第一类是依托湖景资源，第二类依托山景资源，第三类为借景别墅。本案位于双湖板块，非临湖区域，整体景观利用率不高。

本案在综合价值上与其他板块对比的优势是开发商的品质和园区的发展前景，劣势则是价格和升值潜力。

在苏州已面市项目中，潜在供应量较大的有中海御湖熙岸、中金玫瑰湾、南山巴黎印象，加上即将面市的项目，整体的竞争压力较大。

神似
意扬

历史上的中国别墅，往往是达官贵人、商贾名流功成名就之后的退休归隐之所，对于他们来说，别墅的意义不仅在于居住的价值，更在于表达别墅主人的精神旨趣和审美取向。万科原创别墅第四代作品——万科中粮·本岸，是对传统精神的当代演绎，它不再强调传统的建筑符号，而是在有限的居住空间中实现无限的居住可能。它从吴文化、苏州建筑园林中汲取精髓，融合时代生活元素，打造全新的东方院落空间，以传统再造传统，开创中国别墅的新元年。

## 市场定位

本项目为纯别墅社区，整体档次相对项目周边楼盘要高，但在整个金鸡湖周边别墅市场来看，本项目属于二线产品；项目叠加属于区域稀缺产品，但大量可替代产品类型的存在，一定程度造成了本项目客户的分流。

因此本案的市场定位是城市+叠加+院落+别墅。作为别墅入门级产品，希望战胜公寓，在位置和价格上战胜性价比低的一线别墅产品。

## 风格定位

当西方建筑充斥世界的时候，本岸以创新再造传统、赋予中国别墅的全新内涵。凝聚万科16年别墅见地、集萃国际专业大师智慧，源远流长的身心殿堂，回归久违的归宿感和艺术体验。本岸，是与时俱进的中国方式，是骨子里的中国涵养，为当代新仕族提供超越传统的人文价值。本岸以兼纳世界的中国风骨，吸引世界的目光；本岸，立中国别墅的世界标准；本岸，开启中国别墅新元年！

## 价格定位

比价体系的七大影响因素有地段价值 (40%)、产品 (20%)、配套设施 (15%)、周边环境 (15%)、物业品牌 (3%)、开发品牌 (2%)、工程风险 (5%)，括号内为权重构成，总权重100%。根据市场客观比对，本项目的市场比准均价为7 800元／平方米左右。主力户型总价区间为185万~195万元，区域市场内高于任何高档公寓价格 (毛坯)，与青剑湖区域联排别墅总价相当。

## 推广策略

前期主要采用大众推广方式，通过数据库营销、行销、活动营销等手段借势，偏向宣传活动。后期主要采用发布会、游艇会、地产沙龙等小众推广，主要针对目标客户，活动效果需要长时间才能体现。

## 规划——以"鱼骨状"村落为原型

"本岸"是中国集合住宅的创新类型，它不同于一般的联排式住宅，而是把院落重新结合在住宅之中、丰富了中国当代的居住方式。新院落住宅基地紧邻两条河流，基地周围原散落着一些傍水而居的自然村落，为典型的江南水乡景观。规划系统以传统村落"鱼骨状"自然生长结构为原型，以单体构成片断；片断构成组团；组团围合院落；而院落又以铺砌着石板的街巷相连，营造了现代的院落空间。层次丰富的景观贯穿整个别墅群，区内完全实现人车分流。

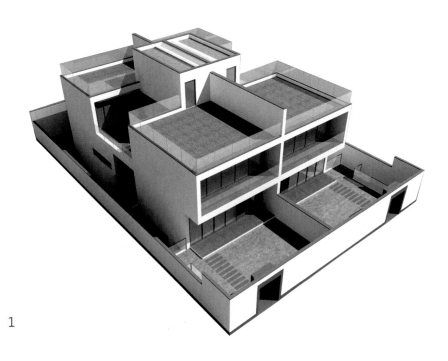

1

2

1. 双拼
2. 南向总图
3. 叠拼

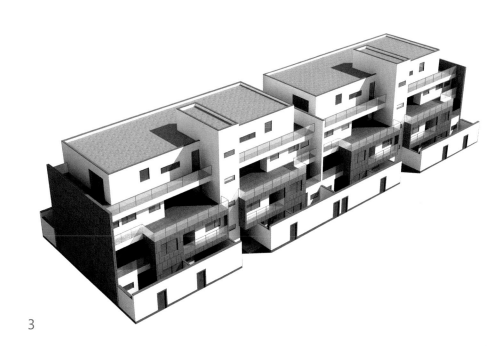

3

96栋
BLOCK

## 内部——新东方院落

本岸将林语堂"宅中有园，园里有屋，屋中有院，院中有树，树上有天，天上有月"的庭院文化发挥到极致。在保留了传统邻里街坊形式的同时，更多注入了简约、古朴、自然的风格，建立不同于传统院落、便于沟通、更富艺术的新公共空间体系。

在建筑上，还中国人居以细致的线条和简约的立面，延续苏州院落特色的二进三院，保留中式人居核心的"中庭花园"，并融入西式的前后花园、阳光露台、地下情趣空间。无论是粉墙、黛顶、门窗，还是布局精巧的前庭后院，无处不流露出浓郁的新东方建筑风格。

## 空间——创造感性生活

项目独创五大别墅空间系统。理性的建筑、感性的空间，带来源源不断的生活感悟。

多重阳光空间　6.6米进深的中央庭院、南低北高的建筑格局，完全实现户户朝南、间间采光、彻底告别传统中式住宅的黑暗、潮湿。

多重院落空间　地下生态院落、地面情趣院落、地上空中院落、空中阳光花园、中央庭院构成立体院落空间，高低错落、层次丰富、意趣横生。

多重景观空间　每一个居住空间都能形成前后景观的视觉美感。

多重情趣空间　前庭、后院围合而成的前后院落空间，空中花园的阳光空间，更是增加了情趣生活的各种可能。

多重地下空间　包括地下情趣空间、阳光生态车库、地下停车空间与使用空间分离，确保日常生活私密性。

环境——演绎中国古典园林神韵

项目以"和敬清寂"理念，创造感通自然的醇美景致。通过"借景、影壁、障壁、框景"的艺术手法，将中国古典园林的神韵演绎得栩栩如生。横向主景观中轴与纵向十余条景观带构成园林的核心，绿色遍布各个角落，错落有致、层次丰富。东西走向的核心景观带、南北分布的次景观带、组团间的园林、组团园林、以及小径上的植栽，布置精巧、起、转、承、合，彼此互为背景、互为辉映，变幻的景致增添了不少生活的情趣。漫步其中，仿若置身苏州的经典园林中……

## 户型展示

三期见滨园是万科本岸的收官之作，也是湖东核心区内的最后一块别墅土地。本项目也是万科继古城区长风别墅项目之后，全力打造的又一千万级城市别墅项目，呈现极致舒适的低密度城市生活场。

见滨园从户型到整体设计上，都充分满足客户的需求。主力户型240平方米左右，同时伴有约150平方米的采光地下室、约120平方米花园及3个露台赠送，满足客户对于空间的需求，把空间利用到最大，充分享受极强的自由感受。

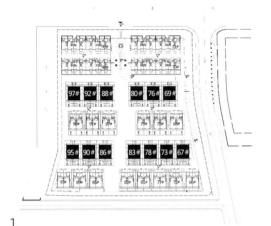

1

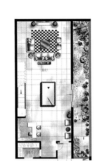

2

1. 大面积和天光相接的下沉式庭院，独院专享空间，阳光微露，小院禅定。
2. 私人电影院、私人书屋、私人健身房、私人工作室，所有最私密的享受都可以放在这里，实现真正生活"零"打扰。
3. 约150平方米采光地下室及独立停车库，交通空间更加灵活。

3

4

5

1. 南入院门无对视设计。
2. 超大开间客厅超7.5米面宽。
3. 超100平方米的花园。

1. 南向卧室，面宽阳台。
2. 北向卧室，怡人风景。
3. 约30平方米的露台，衔接生活空间。
4. 将三层面积尽显两层之内，高挑、明亮的户内楼梯空间，适合人居的低碳别墅生活样板。

1. EN户型分布图
2. EN户型地下一层平面图
3. EN户型二层平面图
4. EN户型一层平面图
5. EN户型效果图

一层：南北庭院，双向入户。私家花园是别墅区别于普通住宅的"附加值"之一，见滨园叠拼A户型的南北双向入户花园，充分满足你的私家花园情结。在这个品质化、个性化的时代，入户式花园的设计不仅实现了人们将花园引入住宅、"推门见绿"的梦想，更让业主拥有了更广阔的户外活动空间：孩子的尽情玩耍、主人的私人露天聚会……

大开间客厅：客厅的面宽、布局，直接决定了主人的气度和格局。见滨园A户型约7.5米宽的大开间客厅，加上南北庭院的良好采光，感觉生活充满了欢快与阳光。

餐厅与厨房之间的迷你吧台设计，也是体现主人家品质生活的一角。

北侧卧室，直接面向北花园，采光、景观两不误，风景这边独好。

二层：挑高的16平方米双层空间，别墅的奢华感油然而生；南北通透的户型设计，最大程度收揽四季阳光，别墅的舒适感自然而来。

二楼整体空间灵活多变，而不局限于目前布局；或将挑高部分封闭，或根据自己的喜好重新进行空间布置，实现3房功能。

向阳主卧，不仅采光良好，而且可以俯瞰前庭园林。阳台延伸至整个前庭平面，所有景观一览无余。同一层内还兼有书房及露台，露台可规划为阳光运动空间，直接连通卫生间方便便捷。

地下一层：连通车库的地下室，实际是一个休闲娱乐享受生活的私人空间。可分隔为娱乐室、小书房等私人空间，充分享受静谧、悠闲的豪宅生活。

总体来说，见滨园叠加别墅，是一个高品质的私密豪华空间。约3.4万平方米中央生活区内绝版黄金别墅土地，仅规划118户，相当于每户家庭占据了近300平方米的稀缺土地。是现在很多高端公寓之类的产品所不能匹及的。

6. ES户型分布图
7. ES户型地下一层平面图
8. ES户型二层平面图
9. ES户型一层平面图

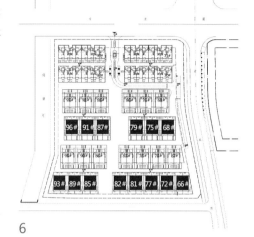
6

7

1. 大尺度地下平层，下沉式庭院，独院专享空间。
2. 私人电影院、私人健身房、私人工作室、私密私享，职业私享家，足够安全感，真正生活"零"打扰。

8

1. 超大客厅超7.5米面宽，拿捏最适宜的居住尺度感。
2. 多功能厨房，中西双厨随性而为，打造出属于高尚家庭的极尽舒适空间。
3. 起居室与餐厅合为一个大空间，餐厅出挑阳台引向侧院私密空间，使用空间更加灵活。
4. 约110平方米的花园，无论是中式园林，还是日式庭院，抑或欧式后花园，一草一木的创造都交给它的主人。

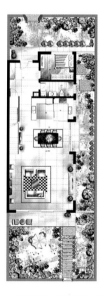
9

1. 南向卧室，面宽阳台，卫生间和露台花园衔接，生活和风景无距离。
2. 北向卧室，左右风景，最精致享受的生活，体验悠然境界。
3. 约30平方米的露台，沟通生活空间，被自然拥抱的生活。
4. 所有房间都有采光，全部起居、书房、卧室都有阳台。
5. 130余平方米屋顶平台，看星星、晒太阳尽享寻常日子的快乐。

红墙内情结

最迷人的中国，都是藏在墙后面的。王者建朝，要筑"宫墙"，用以划分朝野。苏州的园林，用墙高高低低围着。有好看的墙眼，那叫女墙，最入中国诗画。以前长安城有官巷，两边墙垣连绵几里，只踞三五人家。那是官墙，与一个家族的特权有关。钱钟书《围城》"城里的人想出来，城外的人想进来"，说的是城墙，也是欲望的攻防转换。苏东坡《蝶恋花》"墙里秋千墙外道，墙外行人，墙里佳人笑"。那是一道孤芳自赏的墙。当《西厢记》里的张生，爬上高墙私会崔莺莺时，中国人的墙，又变得浪漫起来了。 ——摘自《西岭24讲》

这是存在于历史、存在于书里、存在于市井民宅中的墙，而作为中式庭院的基本构成要素，红墙黛瓦自来就是经典的组合，红墙带给人们的是尊贵感，是私密感，更是诗意栖居的理想。与其说人们有的是红墙情结，其实最准确的不如说是院落情结。

## 院落情结

自古以来，"院落"就与中国人的生活息息相关。在中国传统住宅中，院落是必不可少的建筑符号，无论是北京的四合院、上海石库门的天井，还是广州关西大屋的内庭院，院落无疑是东方人绵延至今的居住情结。

庭院对于中国人来说，既是一个物质空间，也是一个精神空间。她象征着天地，是文化与情感的积淀传承处，又是建筑群中的精华所在。中国建筑中的院落元素，如房屋、山水、花木、曲径、游廊等，都从自己不同的角度，以各自独特的表现方式，体现着中国哲学"天人合一"思想。中国人之所以把"家"叫"家庭"，就是因为家必须有庭院。院落情结已经渗透到中国人的血液里，长期影响着中国人的居住心态。

然而，快速发展的现代生活逐渐把院落文化逼到了人们的视野之外，那些传承着和谐、雅致的中国文化价值精髓的院落建筑，离人们的生活也渐行渐远。

中国大墙

在建筑设计对院落的复兴中，虽然突出的主要是"院落情结"的现代表达，但是墙在这其中的作用却不容忽视。无墙不成院，无围合不藏气，足见墙的意义非同一般。

国，有长城；宫，有红墙；城，有城墙；宅，也应有围墙。中国是一个偏爱墙的民族。从居住的意义上看，墙不仅是物理上的建筑，更是院落的第一层观瞻。此外中国大墙还深含儒学礼制秩序，彰显社会地位及威严身份，如紫禁城的朱红城墙，极致彰显皇权的至高无上；王府宅邸则以青砖筑墙，守护家宅封地和殷实私产，彰显家族等级的尊贵。

墙，是一种象征，是一种环境，是一种境界，也是一种美学。当防御的功能不再凸显，寻找墙的美学意义与心灵触角，便成为现代人的精神追求。

在本书中，万科·西岭别墅为每个宅子，立骑马院墙，高矮有致，与墙外的甚嚣尘上区隔开来，也与墙外的纷扰目光进行区隔，它以"红墙内的中国情结"演绎蓉城高端人士对这个世界认识的再次升华；万科城明设置了入口庭院、中院、后庭院"三进三层"的格局，围合或半围合的墙、建筑的墙身，都成为营造庭院深深的东方韵味的重要元素；而万科红郡从院落的外观就可看到永不褪色的红砖外墙，这种设计给人一种亲切却不失身份之感，漫步其间，令人深思天、地、历史的对话，视觉上红墙在空间造成的纵深尺度，令人印象深刻。

其实，院落情结也好，中国大墙也罢，代表的都是现代人对于中式院落生活的理解和审视，是人们在对现代生活的反思之后的一种回归。但是想要营造现代的院落生活，却不是照搬传统的建筑元素就可以做到的，它更需要与现代的生活和理念相适应。如何将国人骨子里的"院落情结"以现实的途径实现，把"院落"这个中国传统的建筑文化精华吸收之后用现代的手法表现出来，做到传统与现代的融合，成为许多开发商和建筑师努力的方向和目标。

红郡整体上来说，延续了城市花园的气质，也同样是万科的气质：平凡、理性、成熟、执着、创造。

它也许并不会让人眼前一亮，但静静品味、慢慢融入，它也许有特别之处。

居住是普通的，生活是平凡的。设计师也在其中，点点滴滴，都是心思。平凡之中也会有不平凡之处。

**人文万科，武汉再造标杆样本**
**——来自万科赖特29栋的东方哲学形本解读**

在东方古典传统住宅中，院落是必不可少的建筑符号。从老北京尊卑井然的四合院，到苏州移步见景的意蕴庭院，再到白墙青瓦如水墨一般的皖南民居，不同地域的人文特质皆体现在了建筑形制上。万科赖特29栋，将本土的人文气质糅合于城央院墅的形态之上，充分演绎出东西相融的居住理念，让我们心中深深的院居情结得以延续。

**传统中式建筑美学的回归**
作为七大艺术之一的建筑艺术，是人类巨大的社会文化的物化存在，是时代的精神元素通过审美形式表述的一种意向。中国人对于居所的选择，是对"外儒内庄"的处世态度的隐喻表达。

社会的发展越现代，在居住空间上对传统的回归意愿越明显，如对宅院的向往。宅院生活的流行，即是生活本真的回归，这种具备历史感的环境更适合心灵的栖居，适合家庭生命的繁衍。

一砖一石，一门一窗，一径一水，在细节处诠释着东方建筑智慧。如此这番，才能感悟蕴藏在建筑中的四季变幻，体会到自然固有的旋律与节奏。

**东方的赖特主义**
1905年，赖特第一次邂逅东方，他看到了道教和佛教，发展出一种热切地根植于大地而又景仰天道的文化，与赖特血管中的"德鲁伊—威尔士"血统融合在一起，产生出"一种血族的亲情感"。

在当时的西方建筑中，流行具备防御作用的承重墙作为建筑空间的分隔。赖特深受东方建筑文化的影响，赞赏其简洁明了的结构，朴素的装修，通过滑动的拉门随时按照需要改变空间关系，完全消化了墙的死板。合理的辅助设计，标准化与灵活的隔断，让自然与建筑完美交融、创造流动的空间。

1915年，赖特被请到日本设计东京帝国饭店。历经8年的施工建造，帝国饭店于1923年矗立于东京的土地上。赖特对于东方文化的热爱，态度平易，情深意切，在东京帝国饭店的建造过程中，被完美地展现出来。

**万科赖特29栋的东方情怀**
"万科赖特29栋不仅仅是一次模仿和复制，而是一次创造。"当20世纪最为重要建筑师之一的弗兰克·劳埃德·赖特邂逅万科赖特29栋，似曾相识的中式传统，实质是源自赖特骨子里的东方情怀，与世界视野的巧妙结合，硬朗中充满着浪漫的东方调子。从此，关于武汉一直寻找的院墅生活，显然已经有了样本。

## 当红郡遇上古典乐

建筑素来有"凝固的音乐"之称。音乐有很多类别，建筑也有很多类别。武汉万科红郡的赖特29具备哪种音乐属性？2012年11月10日，著名古典乐乐评家曹利群老师亲赴红郡，在赖特29的C户型2楼给出了答案。

赖特29的建筑灵感来自美国的建筑大师赖特，并吸取了大师草原风格的精髓。赖特29以"以叠院合墅"为道骨，将草原风格对自然的尊崇与中式住宅对家庭关系的注重充分结合，亦院亦墅。

在赖特29举办的"重温人文经典"系列沙龙讲座中，建筑赋予生活的功能与个性特质被充分理解和呈现。11月10日的音乐讲座，是继"建筑"、"摄影"沙龙之后，以"建筑与音乐、人和自然的关系"为主题的小型聚会，曹利群老师与参与沙龙的嘉宾们一起分享了他以音乐语言对赖特29的理解，参加讲座的还有武汉人民艺术剧院导演、武汉爱乐乐团前首席小提琴胡钢老师等，现场气氛很有点周末家庭音乐会的意思。

在曹利群老师看来，赖特29对自然环境的讲究与音乐家们用音乐书写自然是殊途同归。赖特29的亲水平台和芳草遍角落的自然环境表达了人对自然的心之向往，同样，在几百年前意大利的维瓦尔第就用协奏曲写出了他对"四季"的感受。建筑用空间环境临摹人与自然的关系，而音乐则用音符构筑自然特征以及人在自然中的状态。

曹利群老师在现场播放维瓦尔第的《四季》以及贝多芬的《田园交响曲》，另有雨果唱片的《荷塘月色》以及戴流士的《佛罗里达组曲》，并与现场的嘉宾们一起探讨这些乐章如何引起人对自然的想象。

这次的沙龙活动得到不少嘉宾的赞赏，他们表示不仅对古典乐又有了进一步的认识，对赖特的环境也有了更充分的了解。

万科红郡"赖特29"在接下来的两周，每个周末都会有类似的沙龙活动，这些活动向每一位对赖特29以及对生活、艺术有兴趣的人士敞开。

（乐评家曹利群）

项目地点: 湖北省武汉市东湖高新技术开发区大学园路1号万科城市花园东南端

占地面积: 230 000平方米

建筑面积: 348 000平方米

建筑类型: 低层、小高层、高层

总户数: 3 000户

车位数: 1334 个

容积率: 1.5

绿化率: 40%

开发商: 武汉万科城市花园房地产开发有限公司

建筑设计: 深圳中深瑞城建筑设计有限公司、北京中外建筑设计有限公司

景观设计: 北京创翌高峰园林工程咨询有限公司

代理商: 武汉新联康房地产经纪有限公司

物业公司: 武汉万科物业服务有限公司

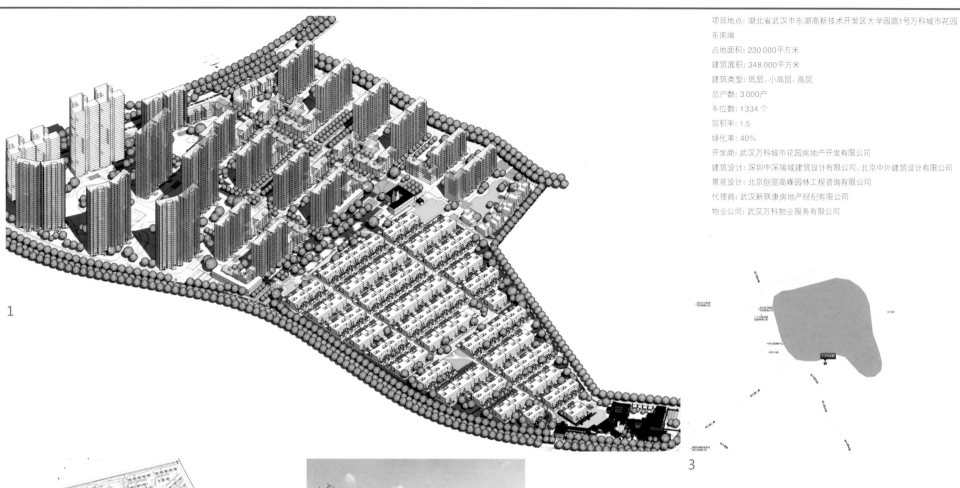

1

3

2

## 区位分析

项目位于武汉高新技术开发区, 背面毗邻城市中环线、西北面临万科城市花园, 周边道路系统发达, 交通便捷, 距离鲁巷商圈5千米。周边的配套设施较完善, 已有世纪星幼儿园、光谷二小、华师一附中、招商银行、交通银行、金逸电影城等配套设施, 生活氛围较浓厚。

项目所处的区域还是未来的中央商务区, 周边云集了金融港、武大科技园等重点项目。

1. 规划空间示意图
2. 区域总平面图
3. 项目区位图

建筑的创新是要回归创新的本质，回归事物的原点，而不是否定历史，从头做起。建筑必须尊重环境，尊重原有的建筑传统。万科红郡的设计正体现了这一观点。尊重自然且与东方传统有密切联系的赖特主义建筑风格第一次引入中国，在规划设计上表现具有老汉口传统特色的"街巷坊"的形态；通过红墙和院落的设置，表现出既开放又私密的尺度；借鉴中国传统私家园林和东南亚休闲园林特色，加上丰富的挑檐、坡屋顶、玻璃屏等建筑语汇，共同营造一个兼顾创造和回归、将国人的传统情结与现代理念完美交融的住区。

红郡是武汉万科城市花园项目的三期工程。首期工程是万科城市近郊多层住宅类型的集成之作，其"社区开放，组团封闭"的设计理念通过精心设计的交通体系和标准化的布品控制已得到充分体现，并已成长为尺度适宜，具备完善步行系统的成熟住宅区。

"红郡"继续在底层住宅的居住模式和公共空间设计中进行新的探索和研究。完善和丰富住区整体的空间体系，并使前期项目所营造的街区文脉得以传承。

## 项目定位

本案并不是一个独立的项目，它实际上是武汉城市花园项目的后续发展，但是它并不是简单的延续，而是尝试相对完整而独特的气质和生活模式。

项目重新回归传统，从传统城市的空间和尺度中找寻规律、营造社区空间和重塑城市生活。同时融入现代城市的元素，例如汽车的普及、更高的居住品质和舒适度等。

北区会所

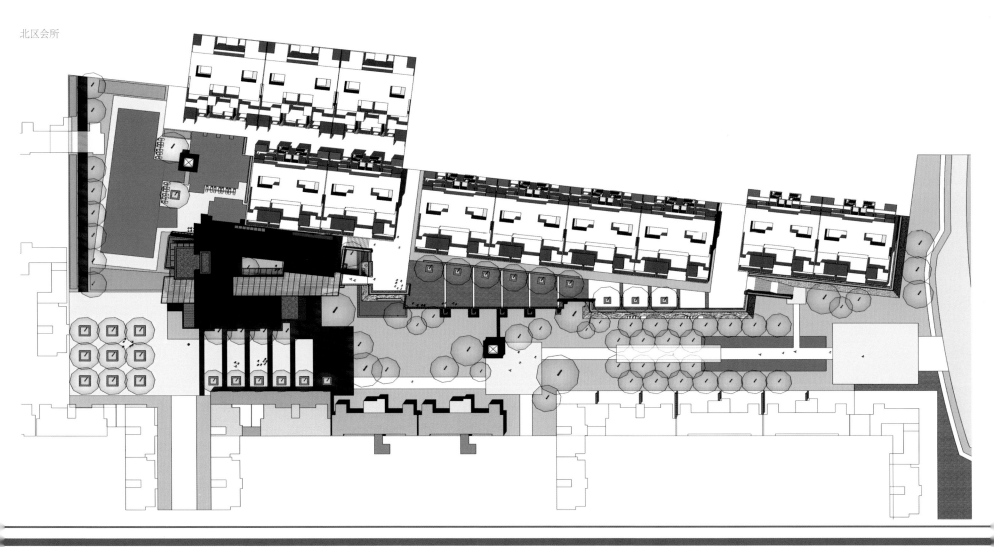

神似
意扬

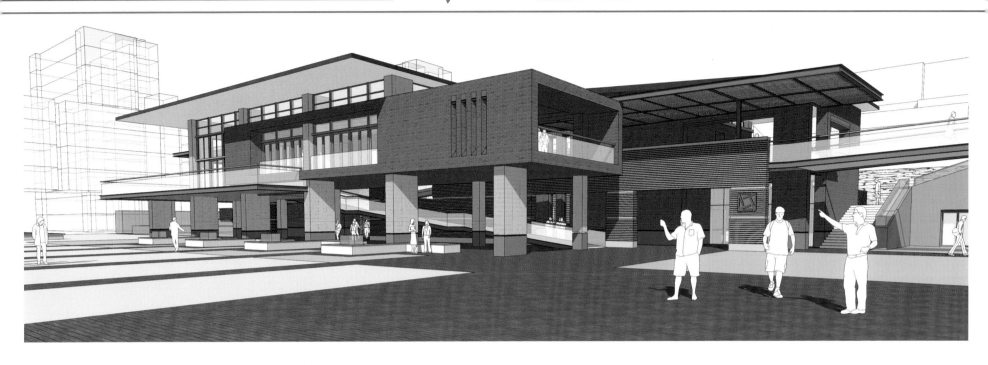

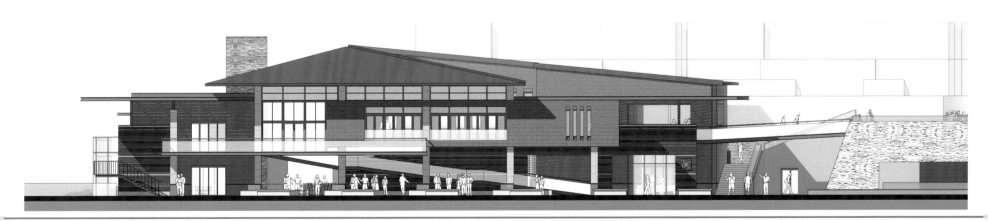

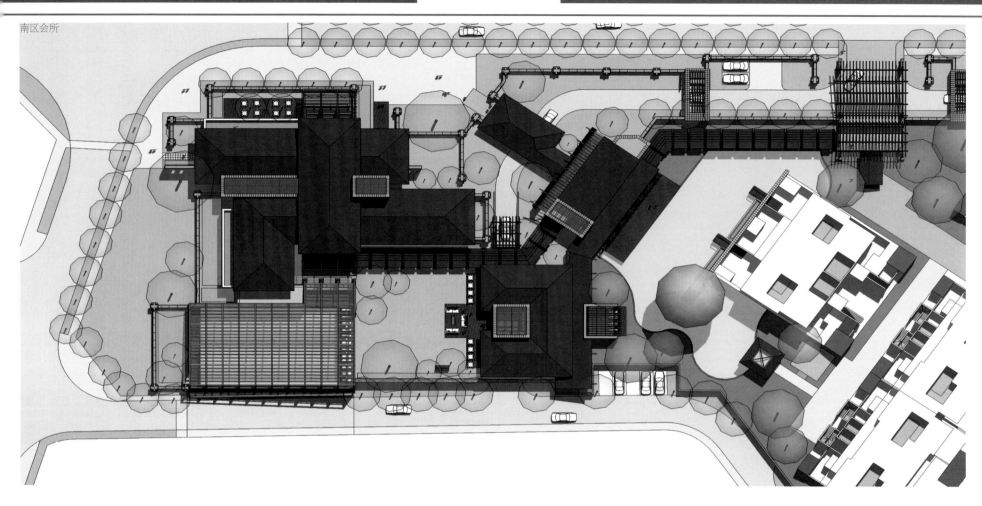

南区会所

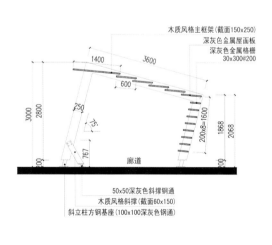

木质风格主框架(截面150x250)
深灰色金属屋面板
深灰色金属格栅 30x300#200

廊道

50x50深灰色斜撑钢通
木质风格斜撑(截面60x150)
斜立柱方钢基座(100x100深灰色钢通)

剖面图1

剖切彩色面示意

透视剖切彩色面示意

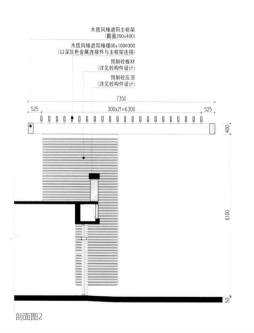

木质风格遮阳主框架(截面200x400)
木质风格遮阳格栅00x180#300(以深灰色金属连接件与主框架连接)
预制砼板材(详见砼构件设计)
预制砼压顶(详见砼构件设计)

剖面图2

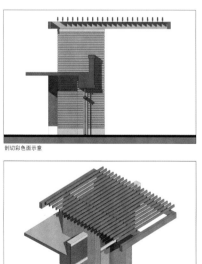

剖切彩色面示意

透视剖切彩色面示意

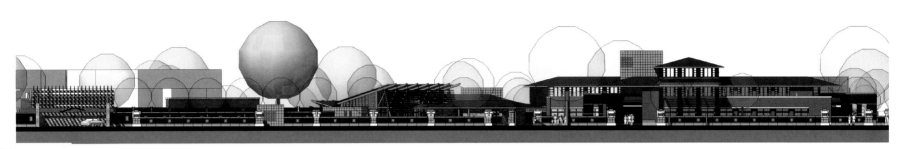

东立面图

西立面图

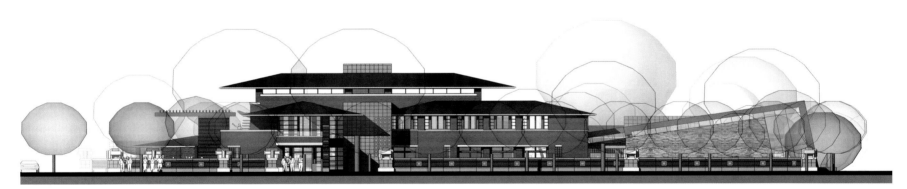

北立面图

南立面图

一五九

红郡项目设计具有一定的特殊性。其单体设计的过程也是研发一种标准化住宅产品的过程，所以对基本模块研究首先进行。再根据用地特点运用传统"街—巷—院"的居住空间体系组合住宅模块形成住区。

基本模块是五户叠加住宅组成独栋建筑的住宅类型，共由四户跃层和一户平层穿插组合而成。这种模块对比于联排住宅项目，减少了户内垂直交通空间，并使每套住宅面积控制在140～190平方米以内，从而在相同用地规模下使最多的住户可实现"有天有地"的传统居住梦想。因南北入户方式不同共有两个基本模块，中间围合成庭院空间，形成一个标准模块，因共有十户住宅，所以标准模块也可称为"十合院"，内部东西向半公共庭院空间布置了所有入户的门廊，使之形成居民相互交往的积极空间。

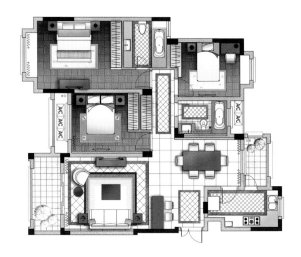

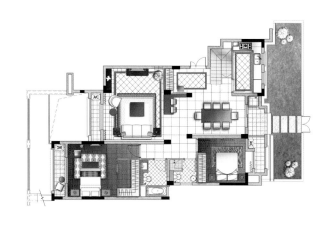

## 目标客群特征

赖特29核心客户有周边企业高管和科研教育人士，置业目的主要是自住，置业特征是注重生活品质环境与户型空间舒适度，要求社区私密性强。

观庭的核心客户有城市精英白领阶层和知富阶层，置业目的主要是自住，也有少量投资的，他们看中区域的市场发展，对地段前景看好，关注周边的交通，侧重考查社区宜居性。

日系的核心客户包括大企业的普通职工和高知阶层，这些人主要以方便工作为主，侧重考虑性价比，关心保值与升值。

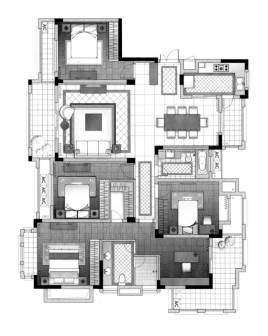

## 户型展示

小区分为"赖特29"和"观庭"两大园区,前者是万科原创的低层叠院别墅产品,后者由多层次高层和高层组成,均价8600元/平方米。整个社区设置南北双会所。

赖特29叠拼合院别墅在售,面积有132平方米、180平方米和192平方米、四种房型。132平方米户型售价250万左右,大面积户型在300万左右。赖特叠拼产品地下一层,地上三层。地下层高2.8米,全部为赠送面积。一层层高3.9米、二、三层层高3.5米。

**奢阔客餐厅** 约49平方米的生活主场,刮目相看的眼界,全挑空客餐厅空间,尽显非凡气度。客餐厅一体化设计,大气的家居配置赋予空间的舒适度与宽阔视觉。

**主卧空间** 约29平方米超阔主卧套间,演绎无限胸襟。主人房阔绰尺寸布局,独立卫生间设计更享私密。大尺度面宽,阔景阳台,拥有更佳的开阔视野,以傲瞰姿态驾驭人生。

**出挑卧室** 出挑结构主卧格局,奢享空间的情趣,主卧镶嵌入式阳台,客厅上空可见半开、半隐的生活逸趣。动静之间升级私密性和舒适性,令生命高度自由无限延展。

**空中门厅** 透明的玻璃房,采用无遮挡空中门厅设计,触手可及的天空表情。室内阳光浴场,零距离亲触四季变换,让阳光、风、雨、星辰在这里聚会。

**负一层** 不计裁的畅享面积,创建更多生活可能,抬高地平面设计,开创敞开式地下庭院,获得良好采光,更具有防潮功能。丰富的层次,细致的空间划分,顾及收藏室、娱乐室、影音室、活动室等多种可能。

**全地下车库** 直接入户,独梯独户比别墅更具备私密性,私家车一入社区即可驶入地下车库。

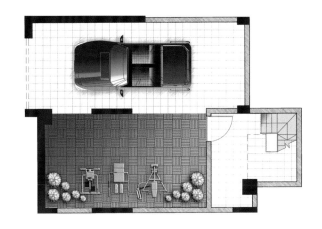

### 规划——表现"街、巷、坊"的形态

项目中所有的公共配套设施，开放与半开放空间两个入口都沿核心路布置并序列展开。除了主街，小区内部的次街也构成了网状的框架，成为社区的基本骨架，公共活动和各种流线也随之展开。

除了街，还引入"巷"，特别是在低层尺度的叠院别墅区域，它模拟了老汉口传统的居住空间，既有私密性，又有一定的开放性。

项目的街坊就更有变化，这是因为居住产品的多元化而自然产生的，并非刻意而为之。不同尺度、不同内容、不同格局的街坊，它形成的空间层次就更为丰富，随之展示的社区活动和邻里交往的内容就会更为丰富，提高社区活力。

### 内部——强调"院"的作用

开放型社区中，院落为街坊邻里和居民提供一个相对私密和安全的空间。街坊邻里互动都在这个空间展开，它是武汉传统城市之间的典型要素，也是万科红郡的主题之一。

红郡的院落设计，在不同的组团中采用了不同的方式。在叠落式别墅组团赖特29中，巷道成为主要的公共空间，院落则更多地分配到住户中。从整体看类似中国传统村落的大宅，每栋三种户型，由四户跃层与一户平层组合而成。精确计算出组团形制的最佳尺度，以每个人都能步行通过而无侵入他人私有领地之感为标准，既有适当的私密距离，又让邻里间不陌生不疏离。该组团独特的建筑形式，让每户家庭都有公共庭院和私属庭院，每户都可拥有前庭院、后庭院、老人院、主人院、天井院、下沉院、屋顶院等，被重新定义的功能，恰如其分地赋予了它们不同的个性。

### 形态——丰富的建筑语汇

项目采用了150度的大坡屋顶，这种角度给人以极大的舒适，加上15度的锐角对应，让人产生安全与信任感。

同时采用悬臂式大屋檐，可以确保雨天开窗，室内也无淋漓之苦，充分享受温润的空气。

居住区地面全部为步行系统，组合模式非常自然的以街—巷—院三级空间体系形成，街道为公共空间体系，通过建筑山墙和组团门廊围合，空间界面设计力求简洁。

基本住宅模块东西延伸围合半公共的巷道空间，每个模块内部放大庭院尺度。模块之间通过3米冷巷相连形成空间节奏变化。巷道的空间由入户门廊和院墙构成边界，近人尺度非常丰富，通过分合并用的手法使得围合界面整齐有序，同时每户住宅的可识别性得以保证。

户内庭院结合生活需求放大南向庭院尺度，提供了舒适的合院生活模式。上下层之间充分考虑视觉干扰因素，通过后退上部体量，加高围墙、镂空混凝土砌块等诸多手法保证每户私密性要求。
所有住户均配有两个地下独立车位，并可直接通过专用楼梯入户。

### 外部——提炼"红墙"的形象

从院落的外观可看到永不褪色的红砖外墙,这种设计给人一种亲切却不失身份之感。漫步其间,令人深思天、地、历史的对话。视觉上红墙在空间造成的纵深尺度,令人印象深刻。

立面风格设计力求融入城市烙印和街区传统。武汉因在近代史上的重要地位从而拥有大量民国时期建筑遗存,这些欧式或中式建筑也在城市更新中逐渐成为最吸引市民和最具活力的场所。作为高端住宅的表象也应提取其中设计元素,即完整的造型、精致的细部、考究的用材。这些元素也顺应了城市花园前期的立面脉络。

红郡的立面是以红砖和坡屋顶为主要表象符号,细部装饰以风格化的铁艺和预制混凝土装饰块为主。其空间组合方式决定了山墙立面为设计重点,装饰感和形体收分得到了强化。其余部分力求简洁、明快、强调横向流畅的线条,立体部分是以完整的三段式构图为主,突出住宅的经典优雅气质。

立面风格的设计中刻意规避了所谓流行的风格化取向,而是通过对建筑的墙体、门窗、屋顶、踏步、花池等基本构建的精心设计,辅以适宜的建筑材料,亲人的建筑尺度共同形成自己独特的建筑风格。

万科基于环保需求一直在开发项目中推进预制混凝土使用,这在红郡项目不仅在景园中大量使用,主体的局部如压顶、镂空花墙、山墙雕塑等也都采用了预制砌块。考虑现场施工要素,设计中以低技策略为指导,主要以砌筑为施工方法使之得以呈现。

红墙为情洁

成都万科金域·西岭

我国著名建筑大师梁思成曾经在他的著作《中国建筑史》中提到："我们要创造适合自己的建筑"。要保留中国人自己的居住意念，不盲目抄袭异域之风，也绝不简单照搬中国传统建筑符号，提供的是现代居住与生活的方式，骨子里散发出十足的中国情结。

而对于万科来说，作为一个深耕成都8年的城市运营商，创造适合"中国居住意念的建筑"更是不容推托的责任！

不同于万科城市花园或双水岸，万科金域·西岭从定址开始，就注定了是为成都刻画一个全新的、城市高端居住范本而生的产品。

万科金域·西岭位于成都市金牛国宾馆景观控制区域内，自然眷顾的上风上水地，高华锋芒不显自露。百年来，国宾板块深得皇家贵胄，文人学儒、名门大家厚赏。经百代历史蕴积，使得这块土地呈现出深远悠久的高贵气质。

在万科眼中，充满皇家意蕴的土地上，注定要有一种作品级收藏价值的建筑，才可达到人文与居住的有机交融！

纯正贵族地块，仅属名门贤达的城市高端人文住宅
成都，最有资格出具血统纯正的城市人文高端住宅的地方，只有三个——内浣花，少城，还有迎宾大道。这三个地方已经传承了千百年文化历史积淀和纯正的贵胄血统。

万科选择城西国宾板块，国宾板块处在川西平原的核心之地金牛坝，是古蜀国国王的"园囿"，最心爱的花园。

从区位上看，金域·西岭周边交通线路四通八达。西临迎宾大道，为双向6车道；北面临近金牛大道；东面三百米之外是三环路；南面是羊西线，此外，成都地铁2号线西起点站位于项目地东面的成灌客运站，距项目地仅800米左右，预计2014年完工。

从环境上看，金域·西岭处于受政府特别保护的低密度国宾走廊，金牛宾馆景观控制区内，建筑密度、建筑高度一概受限，这保证了该板块生态环境的优越。在国宾板块之南，是城市"绿肺"占地6600余亩的两河森林公园，占地2000余亩的生态城市公园和占地2500余亩的百仁公园。

成都万科将目光锁定于国宾板块迎宾大道199号，势必要在最具价值的地段上，锻造具有文化价值的城市高端居住范本。

经历234年沉淀，才有了金域·西岭
2008年，万科将在国宾板块土地上释放积累23年的建筑经验，打造成都万科的又一个奇迹，一个充满传统居住的内涵精神，而又洋溢着成都生活基调的建筑作品。

见过的人称，万科金域·西岭将被视为万科在成都楼市里程碑式的作品。有机结合的自然和人文的优势，

如果说万科17英里是用"我们与世界的距离"来形容港粤高端人群对世界的看法与态度。那么，万科·西岭别墅则以"红墙内的中国情结"演绎蓉城高端人士对这个世界认识的再次升华。

从某个角度来看，成都人是幸福的。因为万科为成都的"中国式居住意念"打造出作品级城市别墅—万科·西岭别墅。这是第一次，但绝不是最后一次。

崇尚文化和都市的氛围，建筑体现空间艺术，享受视觉和景色的情趣，细致入微的设计，带给人们物质和精神的双重享受，令居者体会传统的中式庭院生活。

然而，对于成都而言，万科金域·西岭的价值绝不仅限于此。它给予成都楼市最大的贡献，是展现了一种适合成都人自己的居住意念与居住精神。

**作品级别城市别墅，中国式意念，中国风骨**
存在的目的是将中国人骨子里独有的居住意念和内心精神世界推向极致。

优越地脉、山、水、阳光、空气、建筑与传统共生，尽显高贵、内敛、成熟、深厚。

在万科看来，别墅是最适合表现中国式居住意念的产品形态。在西岭别墅中，万科对市场研究243年的深厚功力更能得以充分体现。

西岭别墅中，每一户都有前庭、中院与后院，这是中国式居住模式的精髓所在。建筑中的"三进三重"院落，红墙黛瓦，无一不是在诉说着建筑的历史。同时所有的建筑物都完美地阐释了中国传统的'庭、院、园、天人合一'的居住意念。

西岭别墅，将体现中国人对家的每一个细节：住进房子里，一切世俗都将被拒之于门外，你会感到从容、闲适、安全、不慌乱。在这一点上与目前市场上流行的欧美别墅不同，西方的文化注重"达"，高高山冈上的别墅居住空间强调透明敞亮无遮挡；而中国文化注重"隐"，高墙大院强调居住空间私密与安全，万科·西岭别墅完美地诠释了中国人几千年沉淀下来的传统居住意念。

**万科对生活总结了25年，一次全给了万科金域·西岭**
2007年末，U8全面家居解决方案落地成都万科金域·西岭。

U8，是万科集团在家居精装方案平台上，形成的是一个专属于成都的标准体系和价值集成化创新模式，是至今为止成都万科高品质装修产品的典范，从而引领品质全面升级的新住宅时代！

金域·西岭与普通精装房最大区别在于：金域·西岭的精装方案是在建筑设计之初就已经构思成熟。

万科集团创研中心凭借全国二十多个城市的产品研发平台，依托近九万多户入住万科社区大家庭，对客户家庭多样化生活行为模式深入研究，进行住宅及相关行业的专业价值集成，研发出全面家居解决方案，最终实现客户对高品质生活的要求。

金域·西岭，摈弃普遍的不良空间利用模式，嫁接对国际上优质的生活习惯研究成果，创新空间利用模式，全面升级成都人的生活质量。

量身定做的精装房，让高品质的新住宅时代落地成都！

---

有人称，万科金域·西岭被视为万科在成都楼市里程碑式的作品。它的出现意味着万科在成都楼市的三大变化：一是万科在2008年的品牌营销将全面升级。二是万科终结清水房时代，自金域·西岭之后，万科所有的产品将以节能环保的精装修产品形式出现。三是万科将一改前8年在成都楼市低调的作风，致力于在成都塑造一个全新的城市高端住宅范本。

然而，对于成都而言，万科金域·西岭的价值绝不仅限于此。它给予成都楼市最大的贡献，是展现了一种适合成都人自己的居住意念与居住精神。有一位购买了金域·西岭多年从事装修行业的客户感叹道："这个项目的设计尊重了成都人的传统生活习惯，同时又糅合了众多现代居住元素，它把我自己在行业十多年没有想通的地方都补充进来了，这给予了我极大惊喜和提示！"

金域·西岭带给成都的，是一套堪称完美的居住完善方案。很显然，这样的生活是万科在精心研究之后，对成都生活方式与居住方式的一次总结。

项目地点：四川省成都市金牛区迎宾大道199号

占地面积：28 666平方米

建筑面积：34 570平方米

建筑类型：五联排别墅，地上三层，地下一层

总户数：76户

停车位：1：2

容积率：0.80

绿化率：72%

开发商：成都万科国宾置业有限公司

建筑设计：中建国际设计公司、成都华宇建筑设计有限公司

施工单位：中国建筑第八工程局

物业公司：成都万科物业管理有限公司

代理商：成都世家机构

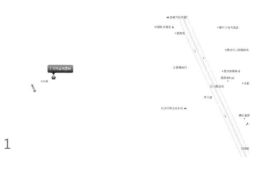

1

1. 项目区位图

骨子里的成都，生活元素似乎为迷雾所掩盖，巷子、院落、茶话、竹语氤氲弥漫之中的院落文化，如今难以寻觅。金域·西岭深谙成都生活元素精髓，将成都味道把玩的恰到好处，成就新中式别墅传奇作品。项目以黄金竹和攀爬植物为主，路面以古朴壁灯为装饰照明，渗透中国味与成都巷子、院落文化。"三进三重"院落，红墙黛瓦，完美阐释中国传统的"庭、院、园、天人合一"的居住理念，也带来了居住的私密和安全。新中式的建筑设计符合现代居住习惯，为居住者提供最适合的居住环境。

## 区位分析

项目所在区域为成都市金牛区"国宾版块"，东临茶店子客运站，南临35米规划道路，西临迎宾大道，北临金牛大道（成灌路），通过成灌公路、羊市街西延线与市中心相连，距离市中心约8公里。项目周边休闲配套比较齐全，有作为成都市国宾馆的金牛宾馆、休闲园林"易园"以及成都郎家山花鸟市场等诸多生态园区，并且临近规划中的成都高新西区，客户定位为改善型高端客户。用地周边主要有迎宾大道一号别墅、锦城豪庭等高档住宅小区，交通状况良好。前往市区的路网四通八达，项目临近茶店子公交总站，地铁二号线经过小区东侧，公交出行方便。宗地3 000米范围内，从小学到中学等教育机构星罗棋布。

## 市场分析

项目所在片区，政府定义为金牛高科技产业园区，云集了低密度高档物业、传统别墅区。周边电梯住宅大约为5 000元/平方米的销售价格，开发逐渐放量。周边的高档楼盘竞争较激烈，潜在的竞争者有华侨城、爱美高等。

## 基本开发原则

1.容积率做足。根据地块现有条件为价值发挥，充分挖掘限高部分的价值最大化以迎合版块价值的塑造，达到区域的标杆型项目。

2.商业与住宅形成良性互动。打造高端住宅项目环境，品质感的集中消费街区，形成相对高品质的高密度住宅区。

## 定位策略

以国宾版块区位和历史积淀为依托点，通过万科品牌对本区域的进驻，注入创新的区域发展观。以先进的"高品质产品开发"为增长引擎，带动区域整体价值的提升，价格的拉升，引起市场的追捧。

## 规划——表现人与自然和谐共存

本案的规划注重空间环境、视觉环境和地形地貌的结合，势必创造人与人、人与环境交融的场景，充分体现人与自然和谐共存的可持续发展的设想。

西岭别墅的用地相对独立，与高层区域之间以24米宽绿化景观带分隔。联排别墅设有南北向景观大道，连接两个公共绿化广场、公共景观节点及小型游乐设施，并沿景观大道设置。

## 内部——高墙院落

别墅的建筑设计和景观设计均采用现代中式风格，强调中国传统住宅院落感、私密性和景观融合性，每套别墅设计由入口庭院、中院、下沉庭院及顶院4个庭院构成"三进三层"立体院落。

项目在迎宾大道，圈私密高墙，为每个宅子，立骑马院墙，高矮有致，与墙外的甚嚣尘上区隔开来，也与墙外的纷扰目光进行区隔。

## 环境——中式精致园林

中式园林和西式园林最大的分野在于，越往精小里做，越能见功力，越往浩瀚里做，越取巧容易。以小喻大、以少胜多、由此及彼、由近及远、以藏为露、以隐为显。西岭的园，正是如此。除了小巧，园林还突出营造景观场景感，注重布景的精致和细节层次。且在景观绿化带的种植中注意植被的层次感以及和项目相匹配的一些现代简约的元素。

## 交通——人车分流

别墅区的交通流线采用了成都独有的完全人车分流的设计，双向机动车道出入口位于别墅区主入口的左侧，直通地下停车场，从停车场可以直接入户。

一园建成，全局皆活    易园的立意，取自于众经之首的《易经》。
以易理造园，立象以尽意。
无心的人，永远进不到这里。
十年的园子，便成了大名鼎鼎的西蜀第一名园；
那边王之园还在为世人所称道景仰。
这边的西岭，隔着一道墙，便围出了这"城之园囿"

幽巷里    西马巷、荔枝巷、君平巷、鹦哥巷……
不是物是人非空留其名，就是游人如织宛若宽窄巷子。
遍寻锦城，还有几处寻常巷陌？
西岭的巷，因寻常，而非常。

小院中 (左)

中国式园林，与西式园林最大的分野在于：

越往精小里做，就越见功力；越往浩瀚里做，越取巧容易。

以小寓大、以少总多、由此及彼、由近及远、以藏为露、
以隐为显。

西岭的园，也是如此。

前庭（右）

入得门来，偌大一个闲闲的院子。

你的一个院子。

适合听风、赏月、晒太阳、逗小孩、戏蝴蝶、喝点小酒…

中院（左）

从前院进来，过一个饭厅，天地豁然开朗。
一个老大的天井直透晴空，头顶上游着几朵闲云。
阳光笔直落下来，整座宅子闪闪亮亮。

后园（右）

穿过中院，进到客厅。
出了客厅，再下一道台阶，就是一个硕大的下沉式后花园。
你的第三个院子。
此院较低、较深、较隐。整个世界都吵不醒这里的清静。
用传统中国元素，演绎现代高尚生活。
寻遍成都，只在西岭别墅的中国院内。

## 目标客群特征

与中海、绿地、华侨城相比，本项目位于国宾版块特区，丰富的历史积淀自然能够吸引高端客户。万科品牌及其带来的高品质作品对改善型客户具有强大的吸引力。项目地块的资源与规模约束，以及高层对别墅区的干扰，本项目不宜定位极高端客户。

主力客源：城西客户及品牌追随者、外地贵族。
年龄及家庭结构：35～50岁，三口之家及以上。
阶层：私企老板、成长型事业单位中高层。家庭年收入在120～150万元。以多次置业为主。
购买目的：自住+投资
需求：追求品牌与格调，注重社区档次，在乎小区环境（绿化景观、物业管理、健身娱乐设施），对生活配套设施有要求。

## 户型展示

西岭别墅的户型包括有憩园、随园、拙园、留园、朴园5种。
憩园户型（仰天长啸憩园去）：4室3厅5卫、307平方米，4室3厅5卫、354平方米
随园户型（随，在随园）：4室3厅5卫、332平方米
拙园户型（重剑无锋，拙即显巧）：4室3厅5卫、389平方米
留园（心在留园可观天下）：4室3厅5卫、386平方米
朴园（非朴园无以明志）：4室3厅5卫、307平方米

户型优势：负一层配有至少两个车位，也有独立大方的后花园，保证了光线和视野。一层有人气的入户花园，和中庭花园对称，避免联排别墅的采光不足，同时保证主人的私密性。二层为主人设立独立卫生间、书房，顶层设置休闲和会客处。

**八次憾世灵感，于细节处体现大不同。**

关于U8，万科给成都带来这样的震撼：

**U1 公共空间**

公共空间区域由入户大堂、走道、电梯厅和电梯轿箱组成，底层电梯大堂的细节设计融合了五星级度假酒店的风格。

**U2 入户玄关**

一个普通家庭四季日常起居的鞋类，一般2~3人家庭春夏有15~19双，秋冬有19~23双；4~5人春夏有20~23双，秋冬有23~26双；5人以上春夏有22~26双，秋冬有25~29双，入户还有挎包、钥匙与雨伞等常用物品。万科着重在玄关空间系统设置了过季鞋类与常用鞋类的分区收纳单元，并有强大收纳空间，可以轻松放置常用物品。

**U3 厅房空间**

万科创新设置了厅房空间设计的7大细节之处，改进了客厅可挂平板电视的墙面，在电视墙上安装了铺设多媒体线路的隐藏管道；更是在餐厅设计了自由备餐柜的放置区，位于餐桌对面，将来可以放置简单的食品及餐具等。

**U4 厨房系统**

太太们每年要在厨房中度过至少600小时，在灶台与水槽之间来回约30000步。根据人体工学原理设计的操作流线，让太太们每年节约5000步的行走。精心设计的橱柜为成都家庭的泡菜坛子、色拉油桶……都找到了合适的位置。

**U5 卫浴系统**

实际上，每个家庭一年要在卫生间度过700个小时，其中280个小时洗浴，280个小时化妆、剃须、梳洗、卸妆，140个小时如厕。在卫生间设计极具特色的镜柜和盆下柜，完善地进行功能分区，柔和的T4暖光灯，合理的卫浴动线设计，让生活更轻松。

**U6 收纳空间**

也许你不知道，你家一共有16床各季被褥，至少3个750×450×300的整理箱和3个同等尺寸的旅行箱，166件各季长短衣物，134条各季长短裤子……在户型设计之初，西岭贡院就为每一件衣物规划好了自己的"家"，充分利用每一寸空间打造庞大的收纳空间。

**U7 家政空间**

解决传统户型把居家杂物堆放于厨房内外的杂乱与不雅，万科创新设置了一个独立的家政洄游空间，使日常家政琐碎与生活空间分离、互不干扰。

**U8 安防体系**

万科更多的从快乐家庭生活的理念入手，把先进科技在家居空间进行广泛应用。三部分的智能安防系统，其中包括有红外线双重监控系统，主卧间24小时报警按钮，厨房煤气报警系统等。

地缘文化

随着时代的发展和人们审美意识的提高，中国房地产开发和设计市场逐渐多元化，部分建筑师将目光转向寻找本土根脉和文化上来，不断思索和实践着地域文化和中式风格建筑的继承和创新。

房地产是不动产，这就决定了它具有地域性特征。特定的地理位置形成了特定的地域文化，住在不同地域的消费者对房产的文化要求因地域而不同。在做项目策划的前期市场定位中，重要环节就是研究当地的地脉、文脉和人脉，开发出适合市场的产品。人是文化活动的主要载体，项目所处的地理环境能影响消费者的价值取向，也由此决定了房地产的文化特色。中国南北地域性差异很大，在建造房屋的同时，更要注重营造适合人居的生活方式，因地制宜，考虑地域、民族、乡土、历史、民俗、民情、当地材料、当地习惯等因素，也要考虑不同地区、不同年龄、不同职业的人们的生活方式等。


## 文化特色

住宅设计最应该讲究地域文化特色，房地产的开发注重发展地域文化，可以引进各个地方独特的房屋建构，如北方的四合院，"四合院是以正房、东西厢房围绕中间庭院形成平面布局的传统住宅的统称。"又如马头墙——是徽派建筑的重要特色，在聚族而居的村落中，民居建筑密度较大，不利于防火的矛盾比较突出，而高高的马头墙，能在相邻民居发生火灾的情况下，起着隔断火源的作用。故而马头墙又被称之为"封火墙"。在密集的楼盘区建造马头墙，能防火，也是建筑外形的一大特色，美化建筑。这类对于传统建筑的传承项目有西安万科大明宫，它在设计上借鉴了古代宫城的格局设置和关中传统窄院民居的建筑特色，将中式传统建筑美学与现代建筑精髓融于一体，打造具有人文气质的新中式社区；扬州万科城则借鉴了扬州园林的设计手法，将建筑与景观巧妙结合，建筑组团自然布局，错落有致，同时引入景观主轴与新中式的概念，结合当代社区的功能要求和特点，营造富有地域文化特色、绿色、宜居的居住空间和氛围。

## 材料特性

建筑离不开品种繁多的建筑材料，中式建筑的材料运用，其中有传统技术制作的砖、瓦、水泥、陶瓷，也有现代的玻璃、金属材料、塑料等。万科在这一方面充分展现了其在材料上对地域的重视。扬州万科城采用中国传统的木坡屋顶，同时结合了玻璃、洞石等现代材料，用现代质感、形式诠释扬州深厚的文化积淀，此外它还采用现代的金属屋面替换传统瓦屋面、方形木柱替换传统圆形木柱、玻璃幕墙替换传统门扇窗扇，在同样形式的继承下，有着不同感觉的时代特性的体现，是传承与变异的新写照。

## 环境特点

房屋应该因地制宜而建造，这需要考虑当地的气候环境、湿度、地理位置等。本书中西安万科大明宫充分考察了西安的气候特点，以及日照条件，设计值东宫夏院，让居住在其间的人可以全年都享受到充足的阳光；而西安万科悦城在内部设置了公共连廊、城市休闲水景广场，这些景观的设置，注重山水、植物与建筑的搭配，符合唐风园林的特征。

地域文化下的建筑设计，就是继承和发扬当地环境文化传统的体现，好的建筑构思，是源于生活、文化、观念的，将时间和空间有机地结合起来，将其塑造成一个既符合时代潮流，又具有民族文化的建筑情感化结构，既体现出生活内涵，又符合人们需求，这才是建筑设计者的理想追求。万科在这些中式建筑方面的探索，正是将这种追求付诸了实践，希望更多的人注重地域文化的建筑设计，让时代与文化底蕴在众日可观的建筑下传承与发扬。

## 别墅形象立面风格研究与分析

地貌映射的民居

1.堆叠

山地的地形特点决定重庆建筑群体层叠的空间特点。

2.红砂岩

重庆独有的红砂岩是标志性的本土材料之一。

近代青砖公馆建筑

陪都时期的建筑,引入了大量外来文化。这些近代时期的建筑,以青砖为材料,结合外来的符号和技术处理方式,形成了重庆特色的公馆文化建筑。

解放后发展的红砖建筑

以红色粘土砖为材料,混凝土为装饰线条,形成简洁的立面体系。

## 本项目建筑特征

1. 全石以为底

红砂岩上的堆叠形体。

2. 青红映作魂

红砖房子与青砖围合的院落。

3. 镂花亮点睛

立面的传统符号。

## 屋面形式研究

产生背景

坡屋面是本地传统的工艺做法,随着近代工业技术的发展,平屋面产生了。

地形特点

坡屋面多用于公共视点较低的传统山地民居,仰视时檐角出挑,阴影丰富,错落有致。

但俯视时屋面面积过人,景观面少,过多的深色显得压抑。

平屋面多用于现代建筑及平原建筑。轮廓线硬朗清晰。

考虑到本项目地势低洼,区内建筑低于城市道路,屋面在公共界面上可视,故选用绿化景观平屋面。

绿化屋面

本项目拟在屋顶采用成熟的佛甲草屋面生态技术,既美化了城市界面的视觉形象,又能有效地保温节能,符合政府提倡的节能减排政策。

渝园关键词

两江新区
纯别墅
首创重庆风格
青砖院子
红砖房子
公馆别墅
庄段别墅

红砖花格

庭院砖雕照壁

别墅，在主流的喧嚣中，成为仅象征事业成功偏颇形象。
自我束缚、划地为限，再难与他人生活往来。
成功地满足虚荣，仿佛成为人生的快乐，
没有人在意别墅在高人一等之后，悄然失去了人性的生活。

渝园，用万科别墅传统六味，入味重庆院子，复苏别墅生活本原，
完成对别墅生活的回审溯源。
渝园六味，与其是认识别墅，不如是唤醒生活的本身。

### 青砖·院子

青砖是中国传统建筑符号，是最熟悉的传统建筑语言，而在重庆近代的公馆和庄园建筑中也广泛采用青砖作为外墙材料。
青砖代表了一种文化内涵，体现了一个时期的建筑风格，是对公馆建筑文化的传承。
青砖的院墙和红砖的建筑一同营造出了静谧、沉稳、极富人文气息的公馆建筑群，所传达出的韵味来自于我们的文化根基。

### 青砖·花格

为了丰富青砖围墙的变化，除了在高度上有变化，压顶采用青砂岩压顶和建筑相呼应，还设计了空心的青砖花格以装饰围墙。
空心青砖花格两两相错搭接砌筑，打破了连续围墙产生的沉闷感，促使了围墙内外视线和景观的交流，但并不影响私家庭院的私密性。

### 红砖·房子

外墙面砖——精细质感砖红色手磨劈开面砖
吸取解放前后是近代重庆发展的重要时期，这个时期红砖外墙曾经是重庆建筑最鲜明的表情，红砖成为这个时期外墙主要饰面材料和造型元素，红砖色也是这个时期的建筑色彩符号。

### 青砂岩·压顶

青砂岩是重庆特产石材，一直以来是重庆主要建筑材料，因此青砂岩具有与生俱来的本土性格和表情。
现代建筑的压顶石，多采用砖砌表面刷涂料或者预制混凝土压顶表面刷涂料等方式实现，造型和做法都较简单，且不耐脏。
渝园采用了青砂岩石材代替常用的压顶做法，80米高的青砂岩压顶赋予了建筑外墙精致的收边效果，同时和砖红色的外墙颜色可以协调搭配。
细致的人工剁斧效果，区别于机器剖面，使人们在近处可以感觉到手工做法的朴实，使材料具有独特人文感。

联排别墅

红砖房子

青砖院子

# 重庆
# 万科渝园

项目地点：重庆市渝北区宝圣大道666号（西南政法大学对面）

占地面积：180 000平方米

建筑面积：130 000平方米

建筑类型：联院别墅、合院别墅、独院别墅

总户数：780户

容积率：0.7

绿化率：67%

开发商：万科（重庆）房地产有限公司

建筑设计：家珉建筑工作室

景观设计：重庆博有限公司

规划设计：加拿大EXD建筑设计事务所

施工单位：重庆恒滨建设（集体）有限公司

监理单位：重庆新鲁班监理有限公司

物业公司：万科物业管理游戏那公司

市场研究：重庆铭腾汇景市场咨询有限公司

代理商：重庆尚峰企业营销策划游戏那公司

广告设计：深圳优点广告有限公司

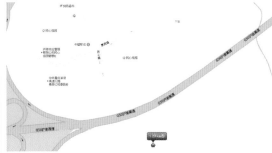

1. 鸟瞰图

2. 总平面图

3. 项目区位图

随着物质生活的逐步富裕，人们开始寻求精神家园的重建和回归，并试图对这个城市的传统文化与建筑艺术有一个新的认识和了解，于是，一场有关找回遗失记忆，呼唤价值回归的居住文化寻根运动在此间展开。作为万科迄今为止唯一一个以城市名称命名的项目，渝园区别于其他别墅的最大亮点是充分挖掘并传承重庆本土居住文化和建筑艺术，以门为礼、庭为和、墙为序、巷为境、院为乐、手工为趣的传统六味入味重庆院子，让别墅回归传统居住文化的本质，回归中式生活的本身。

## 区位分析

项目地处渝北两路工业园区，紧邻回兴交通中心枢纽，是主城核心区、重点发展区之一，东临机场高速公路，西接宝圣大道，毗邻江北核心CBD与北部新区。车行5分钟可到达江北机场，10分钟到达龙头寺火车站、观音桥步行街，20分钟到达解放碑CBD。

小区周边的配套设施十分齐全，有重百超市、大型农贸市场、建设银行、中国银行、农业银行、浦发银河、妇幼保健院、渝北回兴医院、西南医院渝北分院以及邮局等生活、娱乐配套设施。

项目地处两路大学城，周围高校环绕，紧邻西南政法大学，周边有海联学院、渝北职教中心、四川外国语大学、南方翻译学院、华星外语学院、重庆一中渝北分校、渝北实验三小等。

项目东面远处有山景，南面有城市景观，东南侧为农业区的绿化苗圃。项目的景观设计理念是将景观中心放在朝向形成与城市相互关联的内外绿化空间，包括贯穿场地的南北两个区域中央水景。

## 项目定位

项目是万科在重庆开发的第一个纯别墅项目，产品分类联院别墅和合院别墅、叠拼别墅。由于地势低洼，地形较长，为规避一些问题，采用了中式风格，以高墙遮挡噪音。按行列式布局，打造经济型联排别墅。

## 规划——顺应地形 界定组团

用地高差较大，最大高差为63米，因此项目规划顺应地形，设置了多个台地，在用地内有一个天然水体，形成中央水景。并沿水景形成贯穿整个小区的中心步行道。公共开发绿化空间将小区划分为各个组团单元，为小区带来良好的自然通风效果。

蜿蜒曲折的道路系统与小区整齐划一排列的联排别墅和合院别墅单元形成鲜明对比，结合地形高低变化的曲线形的道路贯穿整个用地，避免了一眼望穿的长距离直线道路系统，强调了多肌理形式的自然街道空间。采用尽端式道路而没有采用环线道路是为了任何时候都可以避免大量的车流带来的噪音。

别墅组团沿地形向北侧舒缓展开，并利用景观市政路和高层做了区隔。利用中心水景纵向蜿蜒贯穿整个项目用地，并且将小区的各个组团单元都相互联系起来，小区道路系统进一步将用地进行了划分并限定了各个组团的边界线。

**入口——礼仪宅门五进庭院**

本案对别墅礼仪感的塑造，令回家成为最隆重的形式，显示出对人的尊重。

渝园的大门有58米宽，是故宫大门的7倍，成为判定内外两种人生不同的标准。而五进的庭院景观如下。

第一进：外向围合，下沉式礼仪广场，无边际水池倒影四棵桂花树王与大紫薇花阵。

第二进：社区门户，杨梅树列与罗汉松，守护8米宽铁艺雕花大门。

第三进：修竹林围合第三级缩进台阶，隐约透着尽头的纹龙照壁。

第四进：战国时期卷草龙纹石雕照壁，倒影如镜水池中。

第五进：眺望11 100平方米中庭密林景观，心从浮华世外沉静于此。

### 外部——聚和中庭 十四合院

把本可以再建别墅的地方，改成11 100平方米的中庭，改成密植树林、改成缓坡草地、改成花溪香径。希望将这里塑造成友邻之间交流的空间。表现和营造一种和谐的居住氛围。

此外，通过别墅的围合，实现外庭内院的布局。相邻七合院连通，形成相对空间独立的十四合院，人与人之间的关系复苏，从场所尺度中就可预见。展现的是一种合而不同、和而不同的生活。

### 意境——别墅巷境 东方意蕴

项目中设置了多种类型的巷子，或蜿蜒、或曲折，不仅是收放空间的最好方式，也表现出别墅的东方意境。

浅巷 渝园的浅巷，以短、变、静营造步伐的愉悦。以竹、枝、花、草营造巷陌的幽、雅。以青石布道，两旁则是重门半掩的深院。共同营造美丽的归家体验。

隐巷 云石雕刻，红瓦铺花，巷落上下呼应间，趣意盎然。

景巷 不是所有的巷道都是用砖头垒砌的。有时候风景作墙，花木为巷，更是巷道最真意的表达。万科渝园的巷道，就是这样。在青砖、红墙、云石、赭木的威严与庄严下，景巷用半遮半掩的风景，委婉地表达生活的雅致风情。

### 序列——墙的秩序 层层递进

四米高墙 项目以四米实体高墙围合，隐于市、炫于势。人生高下，不言自喻。

雕花院墙 卷草纹、卷云纹，于墙头标示大宅徽记。

景墙 以景为墙，或镂空砖花，引景入第。没有砖石的刚毅或挡阻，却分隔情绪的软硬。与其说这是一面归纳视线秩序的墙垣，不如说是一次情绪的归依。

**材质——地域特色 精细手工**

青砖 项目中大量使用了特制的青砖，它是中国传统建筑符号，是最熟悉的传统建筑语言。而在重庆近代的公馆和庄园建筑中也广泛采用青砖作为外墙材料。为了丰富青砖围墙的变化，除了在高度上有变化，项目设计了空心的青砖花格以装饰围墙。空心青砖花格两两相错搭接砌筑，打破了连续围墙产生的沉闷感，促使了围墙内外视线和景观的交流，但并不影响私家庭院的私密性。

红砖 红砖外墙曾经是重庆建筑最鲜明的表情，红砖成为这个时期外墙主要饰面材料和造型元素，红砖色也是这个时期的建筑色彩符号。项目采用了精细质感砖红色手磨劈开面砖。在别墅的外墙设计上，采用两两相错砌筑的手法，表面颜色呈现为砖红色，和外墙劈开砖相协调，砌筑形成的整体样式简洁而具有现代感。

青砂岩 它是重庆特产石材，一直以来是重庆主要建筑材料，因此青砂岩具有与生俱来的本土性格和表情。渝园采用了青砂岩石材代替常用的压顶做法，80米高的青砂岩压顶赋予了建筑外墙精致的收边效果，同时和砖红色的外墙颜色可以协调搭配。细致的人工剁斧效果，区别与机器剖面，使人们在近处可以感觉到手工做法的朴实，使材料具有独特人文感。

金属、石材 结合传统大宅院门的经典设计，由铝合金装饰花格、洞石墙面、仿古实木院门、门槛石和铝合金玻璃雨篷共同构成了入院空间。门头采用铝合金装饰花格；院门使用进口加拿大红雪松面板，进行仿古仿旧处理；装饰构件全部采用仿铜仿旧处理；院门墙面为高档米白洞石，通过孔洞和自然纹理，以及厚度变化形成凹凸质感；门槛是深色石材，完全仿照传统院门的形制和高度；雨篷则为铝合金玻璃。

金属、玻璃 外墙门窗为断桥铝合金型材+中空玻璃的组合。外墙铝合金花格，体现建筑装饰细节。花格采用了特殊的连接方式，避免了暴露粗糙的连接点，而可能导致的粗陋感。以现代的材料诠释传统装饰语言，也保证了装饰效果的持久性。

### 环境——景观礼仪 营造氛围

项目利用中心水景纵向蜿蜒贯穿整个项目用地，各种景观综合，有特色水景、林荫步行道、绿化开放空间，景观带依南北向贯穿整个用地。

除了通过多种庭院塑造景观礼仪空间以外，项目还运用消息树，在入口空间进行重点提示，形成传统居住氛围，加强组团的可识别性。

在合院的院落空间，设计入院的序列，逐级引导进入，设计的重点细部包括牌坊门上的石雕和院墙上的装饰图案。在入院的巷道两侧墙面贴上青砖，以涂料绘制传统图案。

**内部——三重院落 趣味空间**

前院：入户前院，主客相聚，众乐之地。
中院：清雅独具，独乐之地。
后院：叠景阔尺、齐乐之地。

地象文化

西安万科大明宫

大明宫，承载千年古都深厚韵味，代表一个盛世的记忆。万科，全球最大的专业住宅开发商，以对人的尊重体现建筑魅力。二者在西安大明宫这片无与伦比的土地上催生出又一个盛世的华章！正如万科所言，万科大明宫正是一个盛世向另一个盛世的致敬！

TOP系是万科体制内最塔尖的序列，讲究因地制宜，看重原生地貌和资源。作为万科大明宫来说，开发这样重量级的项目一定需要最好的设计者，最好的团队。来自荷兰的著名建筑设计师本·范·贝克尔正是其中的一位。

记者：我们了解到您的设计风格深受荷兰现代建筑的耳濡目染，对于万科大明宫项目，如何将大明宫千年的历史与现代建筑相结合？

贝克尔：荷兰的历史和万科即将融入的中国历史一样，都是非常有趣的。在荷兰，我们也有15、16或者17世纪非常美妙的具有巴洛克式建筑风格的建筑物，甚至在20世纪，欧洲如荷兰和德国的一些现代建筑也令人叹为观止。所以，我们也从这借鉴了一些经验，万科大明宫就是一个这样的项目，这个地方与历史有千丝万缕的联系，我们将这些联系加以利用。对我来说，这个情况和环境让我感觉到舒适，我从来没有觉得将这些单独的因素连接在一起是非常困难的。

记者：您出生于荷兰，成长在阿姆斯特丹，并在英国深造，成长的过程中什么因素促使你成为一名建筑师？

贝克尔：我花很少的时间去回顾过去，因为我认为明天更重要。但是我现在慢慢改变了我的看法，阿姆斯特丹跟这里很不一样，我从小在一群很美丽的建筑中长大，这些建筑风格，以及一些家具的设计都为我日后走上建筑设计这条道路打下了基础，并且具有很重要的作用。与此同时，旅游也对我的影响很大，在我19、20岁的时候，我就已经去了很多国家，我看到全球的许多不同文化，比如欧洲的、东方的。我从中获得了很多灵感，现在我最好的灵感来自于我的学生们，他们有不同的文化背景，我想说的是我认为历史很重要。

记者：在您看来将居住的建筑也视为公共项目，那么万科大明宫项目如何将居住与国家公园融合呢？

贝克尔：我觉得在当今考虑公共特性是非常重要的，有时候我会缓解这种混淆的局面，虽然这个项目主要是个人居住，但是在我看来，这个地点不应该单单为了这个目的，而是需要与公共场所高度结合。就像这个公园一样，它应该成为一个公共形象的代表，比如标志性的或一眼便可识别的。大明宫国家遗址公园它是这个城市中一个很重要的标志。创造新的形象，比如居住与购物相结合，景色相结合，并不仅仅是外观景色，同时也是建筑物本身。这个建筑将与景色相结合，形成一个新的公共形象。但这并不意味着人们居住的环境或者质量将下降，我们想让个人居住与公共空间形成一个对话。

记者：我们知道您的作品和建筑事务所一致推崇环境可持续发展，万科也同样注重绿色建筑的发展，在万科大明宫，绿色如何体现？

贝克尔：你提的这个问题是非常值得讨论的，我们当然想将从各方面作用于整个过程的可持续发展原则互相影响。万科大明宫将绿色体现在全部的设计过程的各方面上。减少住宅区的范围；寻求更高效的能源；减少用电量，尤其是通过公众来减少它，这并不疯狂。比如说在采光的反射方面，一些专家想要把这些效果发挥到实处。从各方面来看，我们需要明智的有潜力的想法，当然也要考虑它们的实质性。

目标：
打造西安的城市顶级人居名片
建立万科品牌又一个豪宅标杆
实现中国人居史上新的里程碑

产品价值：
1.规划形态
格局清晰，中轴对称
层层递进，形制严谨

2.建筑特色：
冬宫夏院，享受四季之美
风雨连廊，处处赏花观景
9.9米台地建筑，气势尊贵
25度广角设计，最佳观景角度

3.园林景观
大明宫遗址公园咫尺全景
轴线对称的社区园林
130米长大尺度中心广场

4.户型空间
130~400平方米全德系TOP精装产品

记者: 您说建筑师应更关注如何包装未来, 推测与期待将会发生的事情。万科将在大明宫呈现怎样的作品?

贝克尔: 最重要的是要使外观附有当代性和前瞻性, 这是不寻常且先进的。所以我们所做的就是首先参考内地一些城市的历史。它们有一种关于室内外建筑设计的理论, 我们将其改造使其呈现出新的面貌。但最重要的就是你赋予它们一种全新的生命力, 这也有助于它的可持续性。我们将传统的建筑原则变得现代化, 将其分离出来, 并希望不要被减少。因为当你用装饰性元素的时候你就会减少它。我们所做的就是不但不减少他还要给他们不同的意义。这是现在的借鉴, 建筑不应该只有一个形象。很多人跟我们说为什么这个项目并不像个住宅, 这对我们意味着我们要赋予很多不一样的意义。我们更乐意听到人们说它像是一个雕塑, 也乐意听到人们说它不仅仅是一个单纯的住宅, 这样留给西安将是更多的印记。

万科大明宫项目需要1到2年才能完成, 而且人们要在这里居住很久、甚至直到下个世纪。我不是超现实主义, 但是我可以说我明确地知道远见的重要性, 我们不想设计出与当地文化不相容的建筑, 有时候我们会很注重这些细节, 比如条约、禁忌和风景这三方面。这里的风景很传统, 一些建筑禁忌也很传统。这些结合在一起的时候有一个具体的形象, 或许在同时代是超现代的, 但会让人感觉是非常宁静, 朴素却又复杂的。

记者: 对年轻建筑师有什么样的建议?

贝克尔: 我建议年轻一代的设计师不要把全部注意力都放在建筑物的外形上, 我在20世纪90年代推崇建筑竞赛, 对于这一点我感觉到很内疚, 但是学习如何设计的关键是要将知识智慧地结合起来, 我们需要建造对公共有可持续性、物有所值的、耐久的建筑物, 并且与建筑有内在的交流。建筑物表达的东西要远远大于它的本身, 并不仅仅是这些实用性, 它还需要代表文化、历史、地域特色甚至是将来。

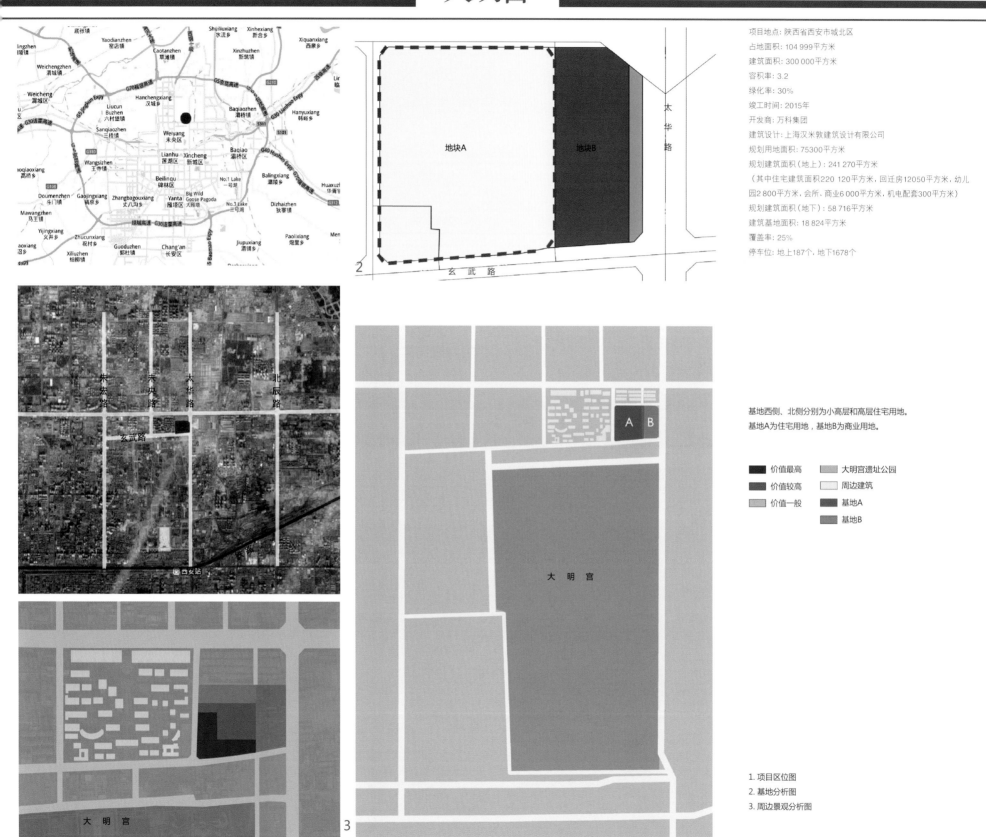

项目地点: 陕西省西安市城北区
占地面积: 104 999平方米
建筑面积: 300 000平方米
容积率: 3.2
绿化率: 30%
竣工时间: 2015年
开发商: 万科集团
建筑设计: 上海汉米敦建筑设计有限公司
规划用地面积: 75300平方米
规划建筑面积(地上): 241 270平方米
(其中住宅建筑面积220 120平方米,回迁房12050平方米,幼儿园2 800平方米,会所、商业6 000平方米,机电配套300平方米)
规划建筑面积(地下): 58 716平方米
建筑基地面积: 18 824平方米
覆盖率: 25%
停车位: 地上187个,地下1678个

基地西侧、北侧分别为小高层和高层住宅用地。
基地A为住宅用地,基地B为商业用地。

价值最高    大明宫遗址公园
价值较高    周边建筑
价值一般    基地A
          基地B

1. 项目区位图
2. 基地分析图
3. 周边景观分析图

地域文化的新表达，反映的是人们积极寻求建筑与地域自然、人文环境之间的回应关系，在协调建筑与城市关系、人文文脉等复杂功能基础上，力图塑造一个充满地域特征、文化特征的现代家园。本案南瞰盛唐皇家殿宇大明宫，设计上借鉴了古代宫城的格局设置和关中传统窄院民居的建筑特色，兼顾城市的气候特点，将中式传统建筑美学与现代建筑精髓融于一体，打造具有人文气质的新中式社区，与西安古城的格局、肌理完美呼应。

西安作为陕西省省会，地处关中平原中部，是陕西省的政治、经济、文化中心，区位优势明显，交通畅达。作为知名的历史古都，西安希望可以建成人文宜居城市，继承和提升都城规划模式，完善人文城市发展特有脉络。设计基地位于大明宫右上角，大明宫采用写意的手法再现了盛唐大明宫建筑及园林格局，所以设计从体量和肌理、尺度上都要与遗址对话，作为背景建筑，规正大气，体现西安城市的性格和简约的现代之美。

项目基地位于西安市区内，东临太华路，南临玄武路，北临近北二环路，西临景园新世纪居住区。项目用地西南侧为大明宫遗址公园，交通便利，可达性好，为项目开发提供良好的契机。基地西侧、北侧分别为小高层和高层住宅用地，基地A为住宅用地，基地B为商业用地。基地南边正对着大明宫，以景观资源分配，此片区是整块地中最好的。地块西边，因锦园东南角为学校，建筑高度较低，故基地西边中部也属于景观资料最好地区。

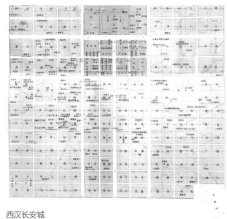

西汉长安城

唐长安城

唐长安城局部里坊

当代西安城市道路肌理

隋大兴城

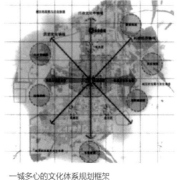

一城多心的文化体系规划框架

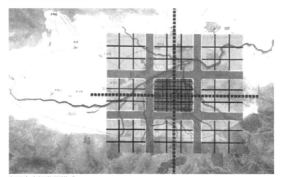

大西安空间发展模式

## 前期研究——宫格

西安作为一座千年古都，其城市格局自周人的沣镐二京开始，就运用纵横交错的井字形经纬龙骨体现其等级和秩序，到汉唐更是发挥得淋漓尽致。

唐长安城采用九宫格式布局、棋盘式道路网；道路系统形成经纬交错的严谨方形网络，又如棋盘。

唐代试行里坊制，里坊内部的居住密度很高，但里坊制的最大特点，却表现为城市的清幽、雄伟和大气。其原因在于城市总体格局明确、轴线突出、肌理清晰、疏密有致。

总结：大明宫遗址及周边区域的规划为平直的宫格结构。本项目位于此区域，此规划的肌理结构需吻合其整体的宫格制式，使其成为此核心区的有机组成部分，与整个城市的脉络有机协调。

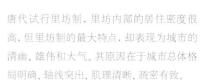

## 城市文化与地域特色

1. 从中国东西部的承接上来看，汉代中国的大地原点距西安仅20余公里，当代中国的大地原点距西安也仅20余公里。西安是中国人心目中的人文地理中心。

2. 从中国历史文化发展渊源来看，西安是中华民族文化的发源地，也是整个民族的精神故乡；并且在世界文明中唯一保持了一脉相承的文化。

3. 西安是中国古代丝绸之路的起点，也是西域文化的起点，西安真正成为了东西方文化的交汇点。

## 前期研究——轴线

在唐代诗人秦韬玉的《天街》里写道："九衢风景尽争新，独占天门近紫宸。宝马竞随朝暮客，香车争碾古今尘。"可以说，唐代的长安是世界的中心，所以它不可逃避地接受了东西方民居文化的精髓，凝结和形成了西安民居的趣态与生机。

无论是古代城池，还是传统院落，一系列大大小小的空间和体量都被纵横相交的轴线有机组织起来。

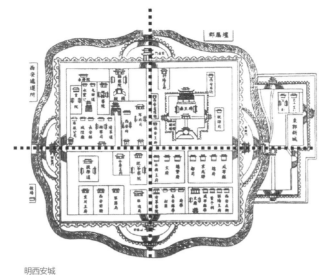
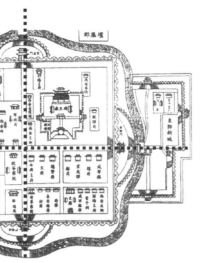

明西安城

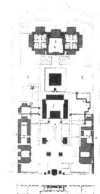

碑林博物馆

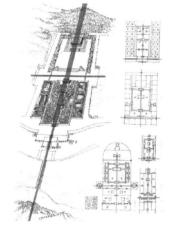

黄帝陵轩辕殿

大慈恩寺玄奘纪念院

大明宫遗址及周边区域的规划为平直的宫格结构。本项目位于此区域，此规划的肌理结构需吻合其整体的宫格制式，使其成为此核心区的有机组成部分，与整个城市的脉络有机协调。

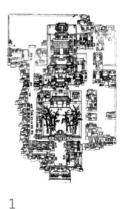
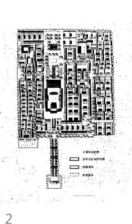

1     2     3

城池里的建筑

1. 县级衙署建筑：
   采用古制"前堂后寝"的布局方式。
2. 庙宇寺院：
   西安碑林建筑是典型的中国传统庙宇式建筑群，它由前部的文庙和后部的碑林、石刻艺术室三部分组成。
3. 书院：
   关中书院是明清两代陕西的最高学府。其古朴敦厚、深藏若虚的氛围是西安传统文化的代表。

## 前期研究——台

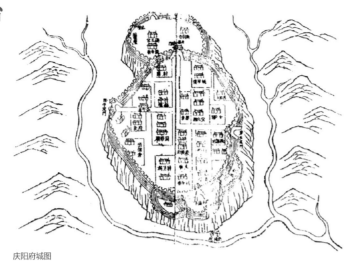

庆阳府城图

最早的基座利用自然土塬，土塬高起地面，土壁四面是垂直的直壁，土塬上建筑有房屋、大街和小巷，全城建在土塬上。土塬的四壁做垂直的壁面，如同城墙。

1. 在中国古代都城建设中，北京和西安作为曾经的皇城，将"台"的特质发挥到极致。
2. 北京故宫三大殿不仅位于紫禁城中轴线上，同时被抬高到一个巨大的台基之上。旨在抬高统治者的视线，体现其尊贵的身份，有君临天下之感。
3. 西安古城墙、皇城建筑均采用台的形式，将建筑高高架在其上，使建筑自然形成一定的气势，使高台之下的臣民产生敬畏与膜拜之感。
4. 中国传统建筑采用三段式布局：台基、屋身和屋顶。在西安，"台"既体现皇城的礼制与威严，又体现了西北地域的浑厚沉稳。

西安的"台"厚重敦实，将建筑物稳固地承托起来，使建筑物威严，体现其等级制度。此外，具有一定的功能性。
1. 标志性：集中式高耸构图除具有纪念意义外，还具有强烈的标志性。
2. 交通性：台作为交通组织的一部分，实现穿过、分流及停驻等功能。
3. 景观性：抬高基面，使视线更高远、视角更宽阔。

院落的发展史就是城市文明的发展史。城市由院落聚集而成，院落所组成的空间格局形成城市的肌理。

在明确的空间等级与秩序下，不同大小、层次的空间依次由中轴线串联起来，并由不同高度的建筑围合或半围合，形成虚实相生、开阖有致的空间效果。

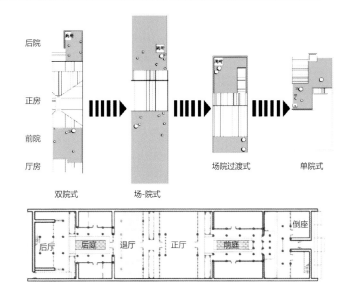

后院

正房

前院

厅房

双院式　　　场-院式　　　场院过渡式　　　单院式

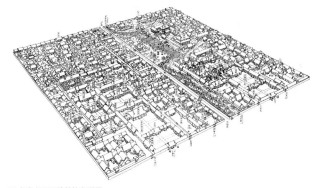

贾府建大观园前总体鸟瞰图

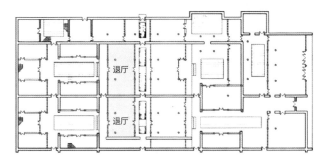

后厅　后庭　退厅　正厅　前庭　倒座

多进院正厅后的退厅（三原孟店周宅）

退厅

退厅

连院式正厅后的退厅（西安高宅）

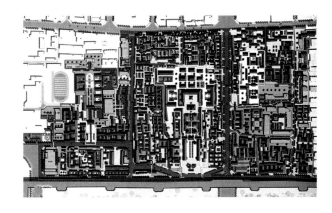

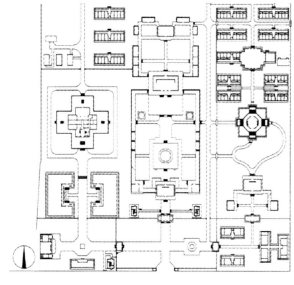

法门寺平面图

# 前期研究——院（一）

1.在历史发展进程中，院落围合形式发生了较大变化，主要有双院、场-院、单院。

2.早期开放空间居中，建筑沿院落四周环绕布置，空间对比强烈；随着时代发展，后院院落中建筑减少，开放空间所占面积加大，空间逐渐简化，到最后空间形态逐渐单一，同时也增加了新的空间形态。

法门寺

# 前期研究——院（二）

**布局形式：**
布局紧凑，变化丰富，建筑组合疏密有致。

**节约用地：**
缩小基地面宽，加大进深，减少城镇和农村的占地面积。

**自然条件：**
夏季炎热、干燥，起到遮阳效果，冬季寒冷，风沙大，起到阻挡风沙的作用。

**私密性：**
不同高度的建筑围合或半围合起到私密作用，体现建筑的秩序和严格的等级制度。

以北方或中原地区的传统民居四合院形式为基本形制，中小型民居用地狭窄，面积多在9~10米，两侧厢房不超过3米，中间庭院宽3~4米，俗称"关中窄院"。

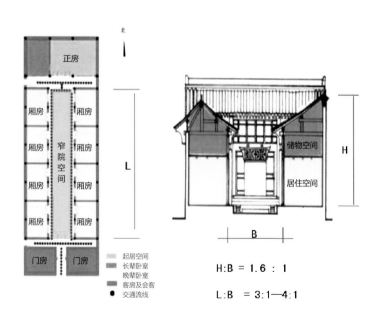

民居—院落空间尺度

四合院的两种形式：

1.正房、倒座、两厢、大门多设在临街倒座侧边一间。

2.正房、两厢和入口门厅，两厢山墙临街，大门居中设置。

民居——院落空间布局

窄院阴影分析——辐射最大日（8月7日）

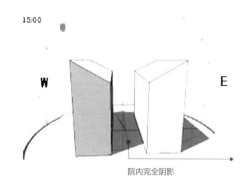

院内完全阴影

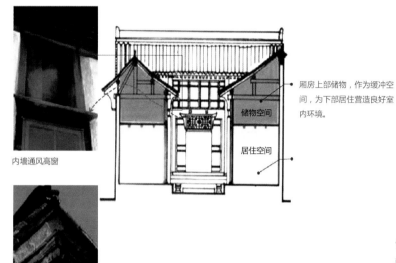

厢房上部储物，作为缓冲空间，为下部居住营造良好室内环境。

储物空间

居住空间

内墙通风高窗

山墙通风高窗

低矮的建筑围合狭长的内庭院空间或通道是关中窄院最主要的空间特色。遵循窄院的空间比例是重建传统居住生活的重要因素。

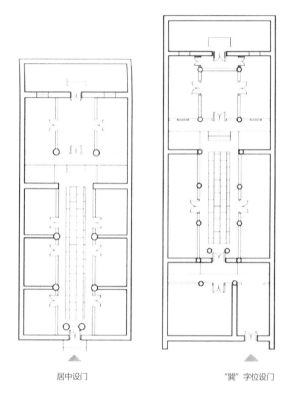

居中设门

"巽"字位设门

因地理位置、气候条件，以及受阴阳、五行、八卦之说的影响，民居方位以坐北朝南为最佳。正房面南向阳、大门开在东南角"巽"字位。

正房位于中轴线上，基座高，尺度大，是全宅的中心，多数是坐北朝南的"阳宅"，凸显居中思想。

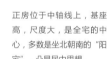

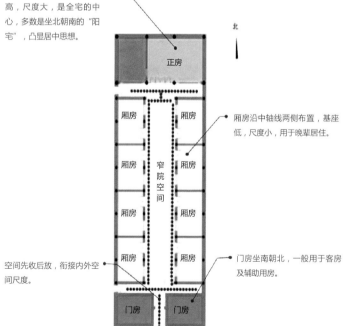

厢房沿中轴线两侧布置，基座低，尺度小，用于晚辈居住。

空间先收后放，衔接内外空间尺度。

门房坐南朝北，一般用于客房及辅助用房。

党家村双旗杆院平面图

## 前期研究——街与巷

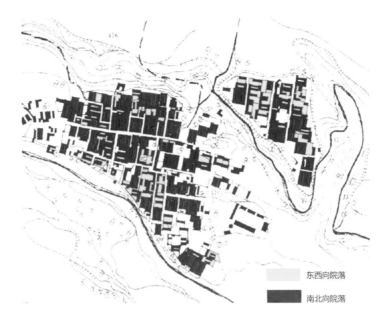

1.村落骨架：决定村落结构的要素有街、巷、路等不同功能的道路体系。此外、方向方位、对称性、轴线等为制约空间格局的隐形要素。

2.街巷空间组织：大巷为东西走向，基本呈工字形，能够适应四合院坐北朝南的布置。伴随着村落不断扩大，在主街上会延伸出支线，住宅的朝向和主入口方位都会发生变化。

东西向院落

南北向院落

关中传统村落—韩城党家村街巷空间

## 前期研究——形与势

本项目的建筑多为点式高层，这种形式要想体现古西安的建筑风格，就需要从雕塑和建筑中获取灵感。这些形体主要表现为势——塑造宏大其实，形——塑造厚重感、端庄典雅，韵——建筑的韵律感，涵——古城文化内涵。

## 设计理念

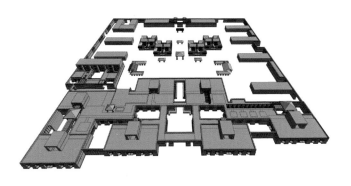

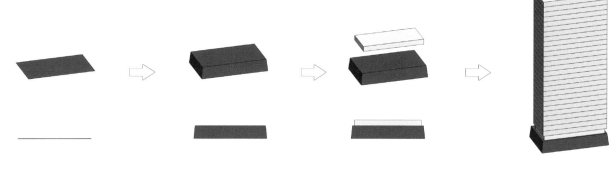

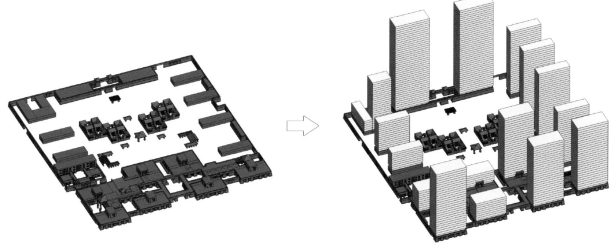

1.平面布局概念出发点——九宫格布局、轴线突出

"方九里、旁三门、国中九经九纬、经涂九轨"的布局模式，形成最典型的九宫九格，这是中国规划都域建设的最初范本。西安以钟楼为中心，沿东南西北四条大街，形成一横一纵，两条城市主轴线，延伸至城市内部，在此基础之上，衍生出几条次轴。

本项目呼应了古城格局，顺应城市肌理，将自身整合到城市的大背景之中，大气整体、一气呵成。

2."悬浮"

传统的西安民居是水平展开的，现代的高容积率住区是垂直发展的，怎样把水平展开与垂直发展很好地融合？

本规划通过"悬浮"手法——把高层塔楼和裙房基座功能分离：低层裙房继承传统西安民居的空间格局和比例，建构传统的社交、游玩、休憩等行为模式。

悬浮的高层以满足人们的居住功能为主。

## 规划——强调中轴线概念

本规划延续城市整体脉络及格局，采用正南北向建筑布局，以低层合院住宅为肌理，以高层住宅为脉，彰显皇城的庄重与大气。强调中轴线概念，使两侧建筑及景观达到动态对称的效果。

整体布局具有空间围合感：最北侧两栋超高层住宅、地块东西两侧的高层、小高层住宅，以及地块最南端的高端住宅群，共同撑起整个小区的骨骼及脉络。传统的合院贯穿于小区整个中心庭院之中，使庭院大而不空，起到承上启下的作用。庭院南侧根据日照太阳时，设置冬宫夏院，让小区无论是夏天还是冬天，都有活动的室外场所。

商业地块与住宅地块设置节点空间，使两地块有机的连接，打造情景化商业步行街氛围。裙房上部的酒店式公寓以两栋偏角度的塔式高层与水平展开的 L 形体量形成对比。

| | | | |
|---|---|---|---|
| A 首置首改类产品 | 3. 北门 | 10. 室外泳池 | 17. 商业入口广场 |
| B1 再改类产品 | 4. 活动广场 | 11. 商业内街 | 18. 城市绿带 |
| B2 再改类产品 | 5. 冬宫 | 12. 酒店式公寓 | 19. 商业屋顶花园 |
| C 高端TOP类产品 | 6. 夏院 | 13. 集中商业 | |
| D 窄院别墅类产品 | 7. 水景广场 | 14. 阳光通廊 | |
| 1. 廉租房 | 8. 台地会所 | 15. 南门 | |
| 2. 幼儿园 | 9. 台地屋顶花园 | 16. 城市广场 | |

规划总平面图

院落与台地总平面图

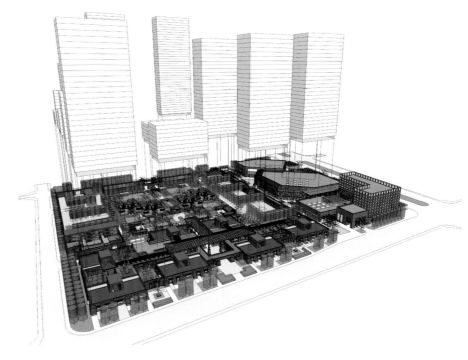

悬浮理念示意图

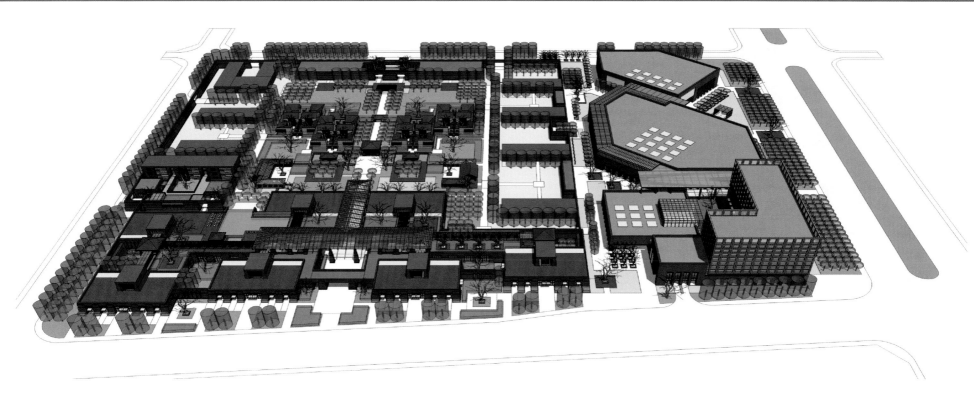

院落与台地空间形态示意图

传统的西安民居是水平展开的, 现代的高容积率住区是垂直发
展的。怎样把水平展开与垂直发展很好地融合呢?

1. 本规划通过悬浮的手法——把高层塔楼与裙房基座功能分离;

2. 低层裙房继承传统西安民居的空间格局及比例, 建构传统的社交、游玩、休憩等行为模式;

3. 悬浮的高层以满足人们的居住功能为主。

## 外部——营造传统宫城气势

项目住区的北入口为一个重要节点，借鉴古代城墙对城池范围的界定，本规划同样通过在住区外围设连续的墙界定居住范围。住区的围墙高大、封闭、密实，营造出西安传统宫城的宏大气势。传统中国城门洞口大都以拱的形式出现。本规划通过提炼城门的拱形符号隐喻传统城邦，高大的形体尺寸强调了入口所在。

本住区北入口采用影壁的手法，在北大门后设置对景影壁。视觉的遮蔽体现传统民居的居住特色，并营造别有洞天的视觉体验及遮挡西北风。

## 环境——体现开阔的追求

本规划在南北走向的对称轴的中段设置了一个中心广场，它是居民回家、休闲、游憩的步行必经之路。中心广场长约130米，宽约40米。开阔的空间气势磅礴，既舒缓了住区周边高层住宅的压抑感，也提供了多种类型的活动空间。相较于传统皇城广场以硬质铺地为主，较少绿化，本规划在不影响空间气势的前提下，把大尺度的广场细化成不同功能区，同时添加较多的绿化。

## 气候——冬宫夏院

在住区的中心庭院仍采用轴线对称、场面开阔的做法。中轴的通行空间以硬质铺地及仪式感较强的行道树为主，中轴两侧的休憩、游玩的广场则规划布置了冬宫和夏院。

夏天西晒严重，所以把夏院布置在庭院右侧，此处大部分位于夏天日照阴影区。院内的建筑物仿凉亭的做法，屋顶为厚瓦砌筑，有效遮挡日照。凉亭的两侧为虚空间，朝向中心广场开放，饱览广场景观。

此外，西安冬天气候较冷，西晒反成了一种奢侈的享受。所以冬宫布置在庭院左侧，冬天可享受充足的阳光。为充分获得日照，冬宫建筑物的顶部大部分为透明玻璃；为防止冬天的寒风和沙尘，建筑外围为可开闭的木隔栅，可供全天候灵活使用。

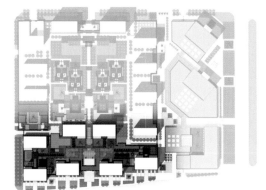

### 台地会所

1. 布置在地块南侧，紧邻玄武路，高端TOP类产品C和B1的下方。
2. 此会所包含整个社区的公共会所及C、B1的私家独享会所，两会所各自独立互不相干。

#### 尊贵、气势

规划中本地块直面大明宫，景观资源最佳，因而布置了最TOP的产品。为体现尊贵，营造与西安皇城同样的感觉，设计将本地块设置于2层高的"城台"上。

#### 厚重、敦实、密闭

本地块的城台功能大部分是6米通高的单层会所。会所朝向大街的面同样做得很密闭，同样起到安保的功能。会所的景观以内向庭院为主。

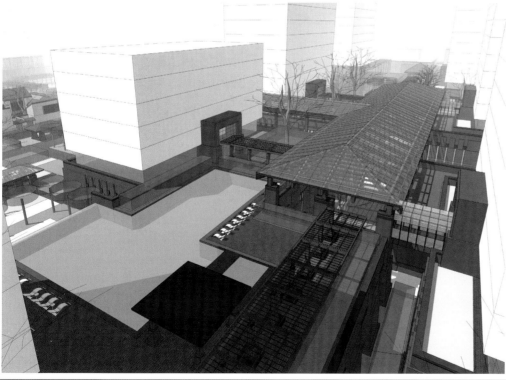

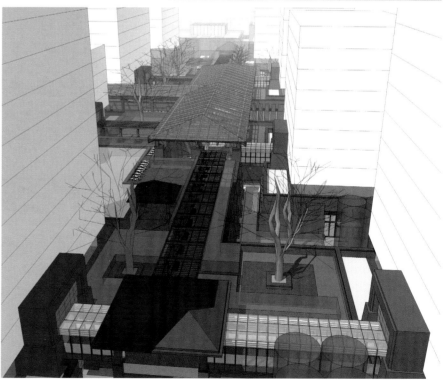

## 内部——反映地域特色和私密需要

项目打造了具有关中民居特色的窄院别墅和反应西安古都风情的台地会所，它们都反应了地域特色和设计对私密的追求。

每户窄院面积为350平方米，具有窄长、阴凉、趣味、私密等特点。它的独家独院的布局方式、外向封闭私密、内向通透开敞的空间形态，很好地保证了私密，体现尊贵。

而台地是皇城的基础，除了表现气势，还具有防御的功能，因此外观敦实、密闭。项目在住区南端布置了6米通高的单层会所，面积约11 600平方米，设计将其朝向大街的一面做得很密闭，起到了安保的功能。

此外项目的对外展示区域即商业中心，是社区中心活力的激发点，这里也强调商业与文化的联合，延续本片区的历史文脉，培育新的创意文化。

**目标客群类型**
本案以深入的前期客户调研为基础，细分客户类型：青年之家、青年持家、小太阳、后小太阳、三代孩子、中年之家。尤其重视老人和儿童的需要，形成合理的动线管理和场地划分，身处其间，怡然自得。

**户型展示**
本案主要有A、B1、B2、C四种户型，其中A户型为两梯四户，标准层面积为450平方米；B1户型为一梯两户，标准层面积为600平方米；B2户型为一梯三户，标准层面积为600平方米；C户型为一梯两户，标准层面积为680平方米。此外廉租房的标准户型面积为50平方米，共241户。

地象文七

西安万科金色悦城

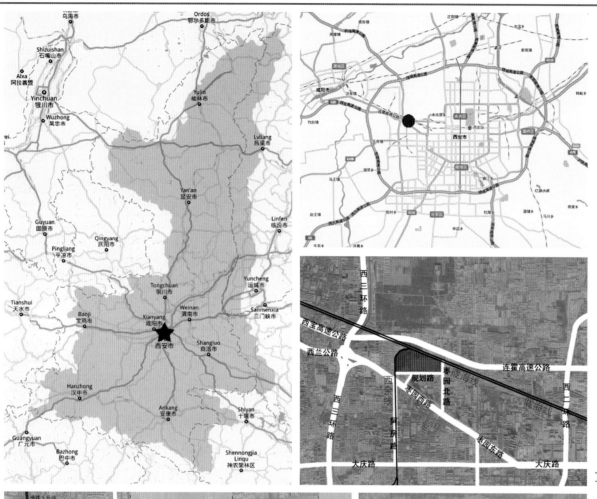

项目地点：陕西省西安市
占地面积：200 100平方米
建筑面积：700 000平方米
总户数：7 000户
容积率：3.79
绿化率：35%
竣工时间：2015年6月
开发商：万科集团
建筑设计：上海汉米敦建筑设计有限公司

地块3（一期设计用地）－－建筑用地面积：65 700平方米
建筑密度：≤21.9%
容积率：≤3.79
绿地率：≤30%

地块2（后期发展用地）－－建设用地面积：77300平方米
建筑密度：≤21.8%
容积率：≤3.42
绿地率：≤30%

地块4（后期发展用地）－－建设用地面积：50600平方米
建筑密度：≤21.8%
容积率：≤20.6
绿地率：≤30%

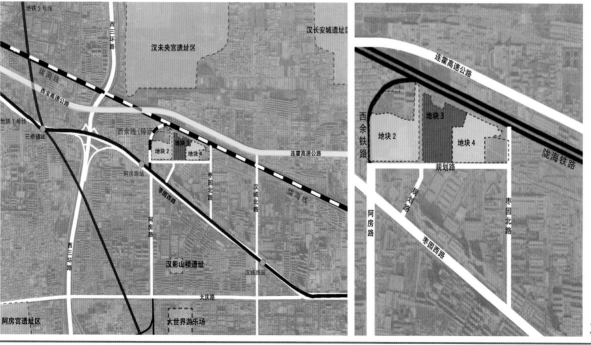

| | 高速公路 |
| | 城市干道 |
| - - - | 铁路 |
| | 地铁1号线 |
| | 地铁6号线 |
| | 遗址区 |

1. 项目区位图
2. 周边现状分析图

建筑的地域文化内涵满足的是人们对于传统生活方式的心灵诉求。设计，让房子更懂你的生活催生了万科幸福系的问世。作为西安幸福系产品的首作，万科金色悦城为人们营造了一个大型的城市公园，使其与所处的城市环境和谐相处。项目不仅在设计上大量借鉴了唐代建筑设计元素，如歇山顶和经典的黑白色调，还设置了符合西安园林特点的情境回家流线和水景休闲广场，希望借此为人们创造更有价值的生活。

# 西安万科金色悦城

## 区域分析

西安作为陕西省省会，地处关中平原中部，是陕西省的政治、经济、文化中心，区位优势明显，交通畅达。作为知名的历史古都，西安希望可以建成人文宜居城市，继承和提升都城规划模式，完善人文城市发展特有脉络。

## 基地分析

本项目位于西安市二、三环之间，处于西安城市综合新区与传统土门商圈交汇处，北与汉长安城遗址相望，南距高新区3公里、距内环核心区约4公里，西接西咸新区发力点——沣东新城。其所处的城西片区各项生活配套设施齐全，可满足教育、商业、医疗等日常生活需求。

## 基地环境分析

整个地块呈扁长形且不规则，东西向较宽、南北向相对较扁。由于地块周边一些现状建筑或用地的分割和影响，用地本身呈现多处不规则的形状，这也为用地的规划布局带来一定的难度。

基地内部总体环境简单、土地平整。地块二和地块三北面有小产权房存在，对规划设计有一定的影响。东面靠近二民村车站，有一定噪声影响。整个基地北面毗邻陇海铁路线，西面毗邻西余铁路线，并形成半包围状态，对基地产生较大的噪声影响。

地块3中资源从优质到普通依次分成A、B、C三类用地，A类用地资源较优，位于场地中部，环境安静，可充分享受大庭院景观；B类用地受铁路噪音干扰，户型上需做特殊处理；C类景观资源普通，位于场地外缘，受道路噪声影响，南向无特殊景观资源。

## 市场分析

项目是万科集团第32座金色系产品，也是西安万科城西首作，是旨在改善城西人居生活品质而推出的全幸福系产品。

城西区域内的土地原本成本偏低，但环境资源却有明显优势，加上政府对城西基础设施的大力改善，为城西楼市的快速发展带来更多期盼。目前宏府、天朗、龙湖

 A类用地　　 B类用地　　C类用地

基地状况　　　　　地块2北面小产权房

西余铁路　　　　　陇海铁路

1

A类用地——资源较优
特点：位于场地中部、远离铁路线、用地完整；
优点：环境安静、可充分享受大庭院景观。

B类用地——内景观资源较好、但受铁路噪音干扰
特点：位于场地最北侧、紧邻铁路线、用地呈长条状；
优点：其南向正对大庭院景观、空间开敞、视线通畅；
不足：受北侧铁路线干扰较大、户型需做特殊处理。

C类用地——景观资源较普通
特点：位于场地最南侧、紧邻东西向规划路、用地呈长条状；
不足：位于场地外缘、受一定程度的道路噪音影响，同时南向无特殊景观资源。

1. 基地环境分析图
2. 设计理念阐述图
3. 规划总平面图
4. 空间形态图

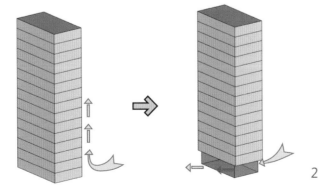

2

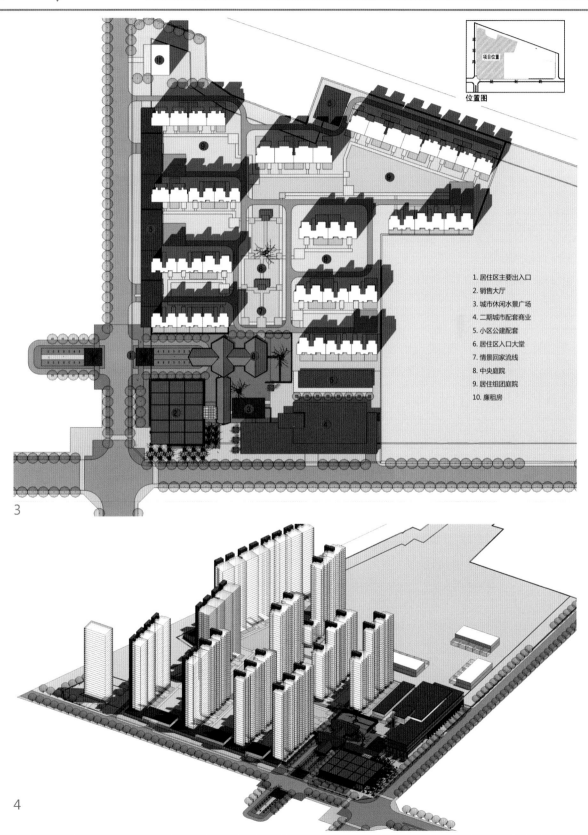

金辉、万科、沣东、华润、立丰等众多大品牌房企也先后抢先入驻城西，就连大明宫建材市场也早已瞄准城西区域，以大明宫西咸店在城西安营扎寨。如此大规模、大体量的建设将给城西的楼市带来空前的景象。对于城西品牌房企的纷纷进驻，必将推动城西楼市品质的更新换代，从而带动整个区域人居水平的大步提升。

## 规划重难点

项目内部DK-3与DK-2、DK-4规划之间的相互制约，项目采用的主力90、130户型为三面宽产品，具有很高的市场竞争力。但由于户型高性能的特色，使整体楼栋的面宽增加，对规划布局提出了较高的难度（日照通过）。

本规划的重点是强调规划空间的地域特色，充分挖掘用地的开发强度，兼顾周边建筑、用地的日照条件，和谐共处。

1. 居住区主要出入口
2. 销售大厅
3. 城市休闲水景广场
4. 二期城市配套商业
5. 小区公建配套
6. 居住区入口大堂
7. 情景回家流线
8. 中央庭院
9. 居住组团庭院
10. 廉租房

3

4

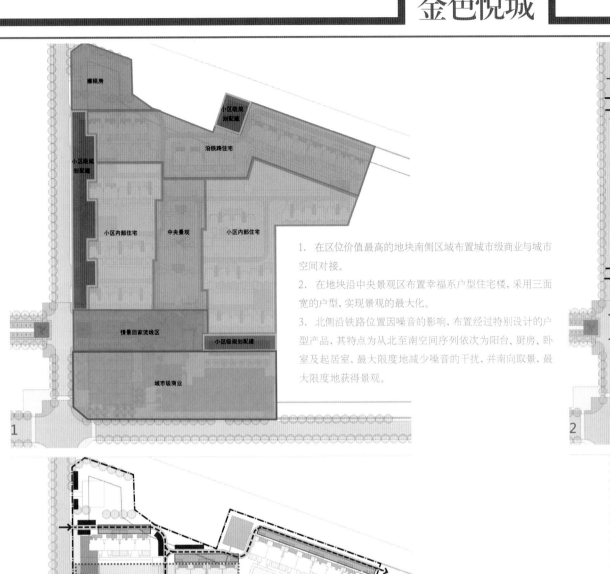

1. 在区位价值最高的地块南侧区域布置城市级商业与城市空间对接。

2. 在地块沿中央景观区布置幸福系户型住宅楼,采用三面宽的户型,实现景观的最大化。

3. 北侧沿铁路位置因噪音的影响,布置经过特别设计的户型产品,其特点为从北至南空间序列依次为阳台、厨房、卧室及起居室,最大限度地减少噪音的干扰,并南向取景,最大限度地获得景观。

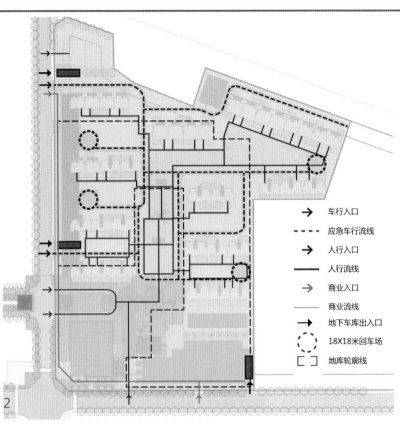

车行入口
应急车行流线
人行入口
人行流线
商业入口
商业流线
地下库出入口
18X18米回车场
地库轮廓线

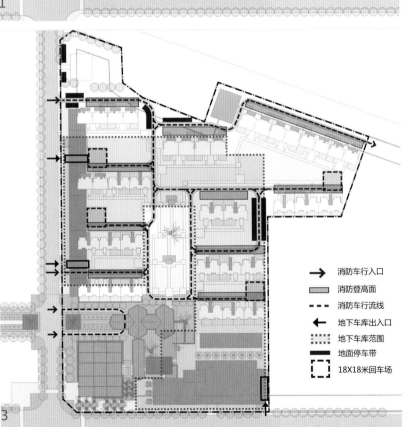

消防车行入口
消防登高面
消防车行流线
地下车库出入口
地下车库范围
地面停车带
18X18米回车场

1. 功能分区示意图
2. 交通分析图
3. 消防及停车分析图
4. 住宅户型分布分析图

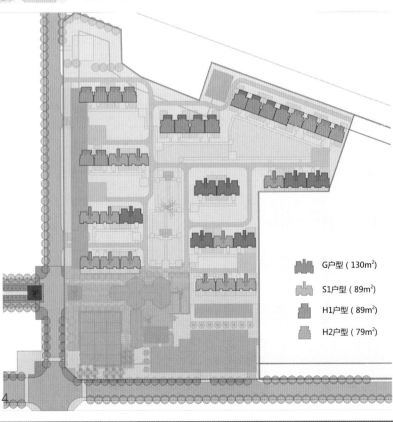

G户型(130m²)
S1户型(89m²)
H1户型(89m²)
H2户型(79m²)

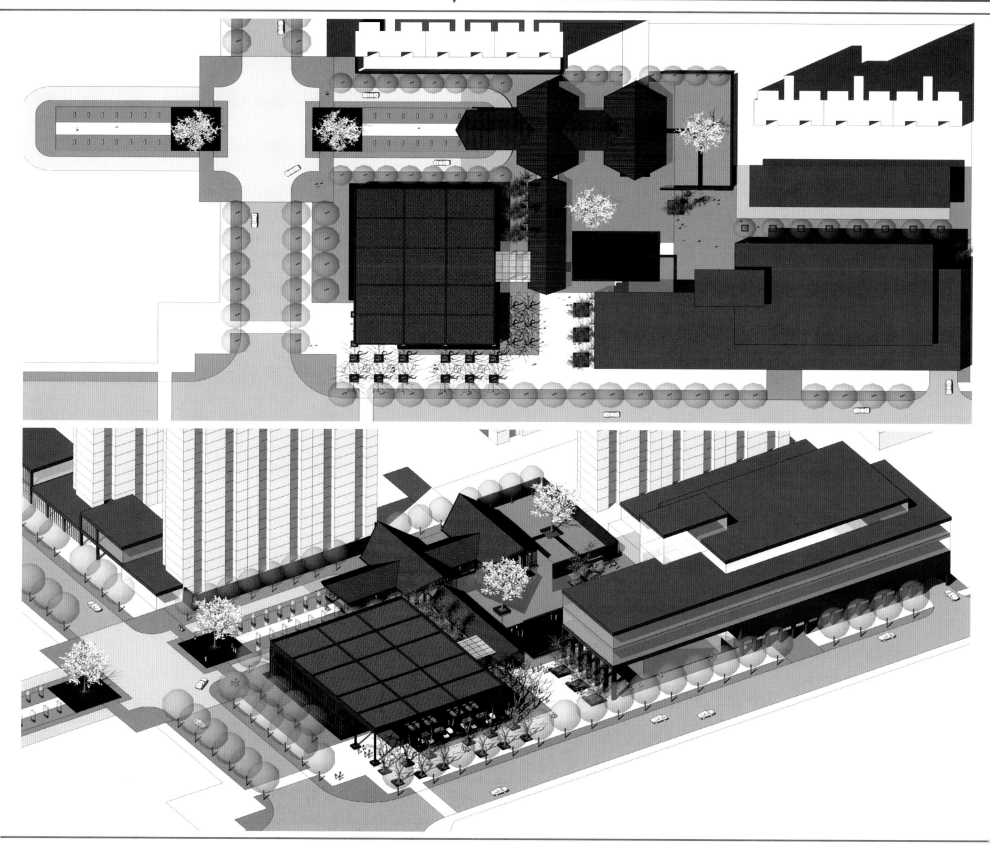

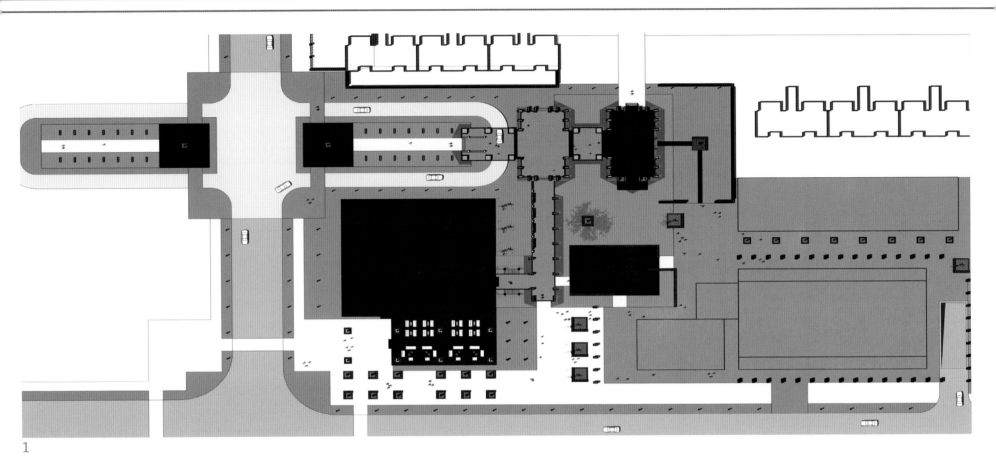

1

2

3

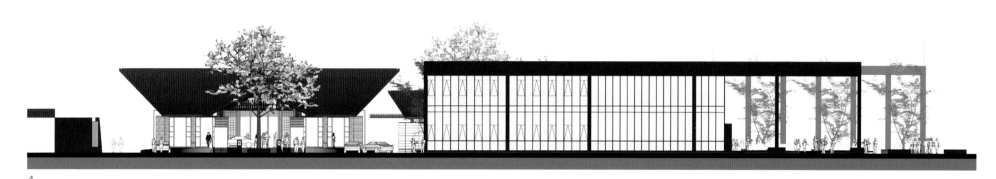

4

5

6

### 形体——借鉴唐代建筑

在项目的首开区，公共大堂和售楼部的设计都借鉴了唐代建筑的处理方式。公共大堂的歇山屋顶和售楼部严整开阔，配合经典的黑白色调，给人以朴实、大气的感觉。

项目的城市商业部分建筑体量相对集中、整体，也使用黑白色调，采用叠落和架空的手法，形成立体的商业氛围。

1. 首开区剖切总平面图　　5. 北立面图
2. 东立面图　　　　　　　6. 透视图
3. 西立面图
4. 南立面图

## 神似意扬

### 环境——展现唐风园林气质

项目设置了公共连廊、城市休闲水景广场，这些景观的设置，
注重山水、植物与建筑的搭配，符合唐风园林的特征。大气
的背景下，不忽略局部的细节处理，质朴中透着一种别样的
诗情画意。

神似
意揚

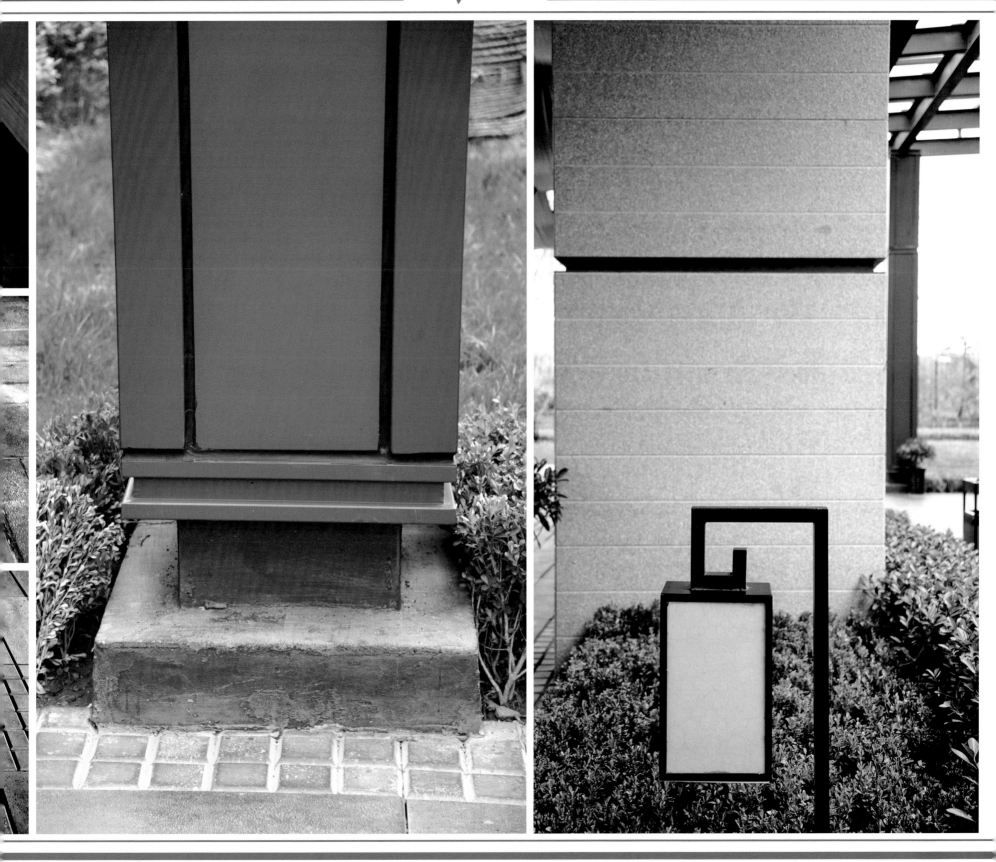

二五七

## 绿植——营造公园式体验

首开区以外多为纯板式楼产品，超低密度高层社区，全系笔直挺拔，风格独特；每户均可达到最佳的通风采光性。在景观的打造上以"绿"为核心，通过高低起伏的灌木、乔木、花草，形成全社区范围内的绿色覆盖，以打造"公园"的手法，在园中点缀，让绿色与建筑自然融为一体，相得益彰。

神似
意揚

## 户型展示

万科金色悦城在建筑上采用纯板楼的形式，力求将每一户的面宽和进深都做到最舒适，保证了最佳生活品质；在户型上保证了每一户都实现了南北通透，充分照顾到每个家庭对阳光和自然采风的需求，同时减少交通空间，将二房、三房的客厅、餐厅等实用面积做大，形成高效的空间利用率。

本项目共有S1、G、H1、H2四种户型，面积分别为89、130、89、79平方米，其中130平方米的户型为三室两厅两卫，89平方米的为三室两厅两卫，79平方米的为两室两厅一卫。所有户型在布局上都分为首层和标准层。

**扬州房地产市场分析**

随着扬州房价迅速升至一个阶段性的敏感区位后，扬州人陷入一个房子买与不买都十分纠结的境地：买房，怕是高位进入被套牢；不买则怕房价继续上扬，再次踏空。

就扬州目前的市场来看，各楼盘的价格也处于下降趋势，夏季一般是楼市的淡季，但我们扬州房产市场依然火热，看房者的热情也不减。一些刚需者们是不顾炎热还是寒冷，对购房的热情很足。但从最近几个月扬州楼盘销售情况以及存量房的销售情况来看，交易量也是上下波动很大。量价齐跌也是比较常见了。

在新开的几个楼盘中，"万科城"、"橡树湾"等几个楼盘的关注度很高，从相关统计结果可以看出，这些楼盘的宣传力度也是很大的，无论是电视广告，平面广告或者是网络宣传，它们是无处不在的，因此楼盘的知名度也就很响，大家的关注度自然而然的就会上升了。

再从各区域来看，扬州楼市西区板块是十分受青睐的，占扬城楼市的半壁江山。由于西区环境等因素大家的目光都被吸引过来了，"京华城中城"、"郡王府天御"等几个楼盘的销售量也是比较可观的。扬州东区板块仅次于西区板块，"广陵世家"等楼盘在销售方面也是可以的。不过总的来讲，由于西区独有的"天时地利与人和"因素，它还是在楼盘销售情况占了上风。目前，扬州的小公寓也是比较抢手的，购买对象大多数是年轻人购买，就如"金阳光力宝国际公寓"就比较畅销，一般是刚毕业的学生由于工作不久，手头没有那么多钱，就买小公寓作为过渡期。而市场上的一些小户型也是比较畅销的，购买对象大多为一些刚需族们，由于要结婚或者在扬州工作需要安居，一时买不起大户，就买小户作为周转，等以后有条件了再换。从扬州房价的情况来看，相对于上半年来讲是下跌了不少，但由于目前房产调控等政策的因素，人们买得起房，但还要交相关的房产税让人们有点接受不了。目前房贷也是个比较头疼的问题，大多银行已经停止了房贷业务，这让想要购房的人们感觉难上加难。真是"有钱的没资格买房，有资格的没钱买房"，真是进退两难。但小编觉得用公积金买房是个不错的选择。如果你不是很有钱、不在乎利率，或者不能够一次性付款的话，那么在贷款方式、贷款比例上还是多动动自己的脑筋和手指，按下计算器，看看哪个更划算。周立波之前说过一句话，"这年头不占便宜就是吃亏"。很显然，用公积金贷款会划算不少，而且这也不算占便宜。

目前扬州写字楼的销售情况也不是很乐观，空置率很高，有些开发商甚是有点后悔。而扬州的商业地产的势头还是比较乐观的，销售量也不错。国家对房地产市场的调控一波接着一波，房地产行业形势一片严峻。据了解，在此次调控中，扬州市商业地产受政策面影响较小，依然受到投资者的青睐。扬州的许多商业房产项目或者火热开盘，或者持续热销。一直被炒得沸沸扬扬的保障房建设也是一项巨大的工程，而我们扬州的开工率和完成率相对于其他地区来讲是比较令人欣慰的。

而扬州房地产未来的发展趋势会是什么样的情况呢？会不会真的是人们常说的"金九银十"的情况呢？从当前的形式来看，还不能完全肯定，如果受到限购的"牵绊"或再有什么政策的"干预"，小编认为很难有决定性的判定。经过半年严厉楼市调控之后，扬州楼市总体销量下滑，价格涨势显著放缓，买卖双方愈发理性，楼市步入平缓发展期。预计下半年，扬州市房地产市场呈"两低一高"的走势，即销售量和房价指数将可能会在低位平稳运行，市场存量房源会继续走高。

## 产品竞争力分析

### 自然环境

扬州万科城位于蜀岗之上、南依瘦西湖、东临大明寺、西靠蜀岗西峰生态公园，依据扬州人依水而居的梦想，以比肩全球的开发理念与视野，广泛遵循的低密度开发原则，集商务、商业、休闲、娱乐多元化功能于一体，拥有完善的生活配套设施。

### 人文环境

秀美的瘦西湖两岸以融南秀北雄于一体的扬州古典园林群、名寺古刹和古城墙、名胜古迹和历史遗存而闻名，其风韵独具的自然风光和含蓄丰厚的人文景观相映生辉，是镶嵌在历史文化名城中的一颗璀璨明珠。

### 建筑设计

采用新亚洲风格，传承亚洲的居住特色和历史文化，以简约、纯粹的纯净主义风格，融合生态、自然为一体，使建筑与自然和文化融为一体，立面造型尊贵、简洁。倾斜平缓的瓦屋顶、大面积的落地玻璃窗，细节处独具匠心，使建筑具有十分鲜明的个性。

### 规划理念

以扬州城罕见的低密度多层社区，还原您始终未变的"亲地情结"，回归自然的舒适空间。4～6层的高度，清丽的瘦西湖，绵延的蜀岗西峰，一州芳绿，满城诗画，都是您推窗即见的风景。30万平方米生活大城，9万平方米大型商业群，规划大型超市、星级影院、精品餐饮、露天泳池、室内恒温泳池，拥有体育会馆、公共建筑设施，并有知名幼儿园入驻社区。

### 产品定位

万科城一贯坚持的宜居理念与"创新扬州、精致扬州、幸福扬州"建设理念相契合，万科成功进军扬州势必对以"人文、生态、精致、宜居"为目标的扬州城市建设产生巨大的推动作用。秉承着绿色人居的理念，致力于在扬州打造人与自然、城市和谐共生的人居文化。作为中国房地产行业领跑品牌的万科，无论是在居住品质还是物业服务上都将给扬州带来全新的改变，用一座城，改变一座城市！

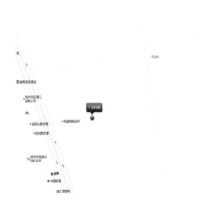

项目地点: 扬州市扬子江北路与樱花大道交汇处

占地面积: 360 000平方米

建筑面积: 400 000平方米

建筑类型: 联排、多层

总户数: 1 900户

车位数: 500 个

车位配比: 1: 1

容积率: 1.1

绿化率: 45%

开发商: 扬州万维置业有限公司

建筑设计: 深圳华森建筑与工程设计顾问有限公司

建筑施工: 江苏省建工集团有限公司

景观设计: 深圳华森建筑与工程设计顾问有限公司

物业公司: 南京万科物业管理有限公司

销售代理: 扬州新景祥投资顾问有限公司

经济技术指标

A地块:（住宅用地）

用地面积: 203 800平方米

容积率: 1.15

建筑限高: 15～18米

G地块:（住宅用地）

用地面积: 19 000平方米

容积率: 1.1

建筑限高: 12米

B地块:（商业用地）

用地面积: 13 900平方米

容积率: 1.0

建筑限高: 9米

H地块:（商业用地）

用地面积: 56 400平方米

容积率: 0.8

建筑限高: 12米

1. 项目区位图
2. 总平面图
3. 会所鸟瞰图

自古以来，建筑同文化就有着千丝万缕的联系。建筑是文化的表现形式，也是文化传承发展的依托。本案的设计将二者的关系演绎的十分到位。项目以扬州古城悠久的历史风貌、特色的城市布局为依托，以"印象扬州"为规划理念，打造具有亲地性的建筑。设计中借鉴了扬州园林的设计方法，将建筑与景观巧妙结合，同时通过现代感的材质和立面处理手法，作为传承与变异的新写照，表现新时代的建筑精神。

现状分析

优势

地块靠近瘦西湖景区、东靠鉴真佛学院、唐城遗址，南依蜀冈西峰生态公园，自然景观和人文环境均十分优越；

劣势

地块北侧靠近宁启铁路，有一定的噪音污染，对北向交通也有阻隔；

机遇

扬州属于苏中地区中心城市，近些年发展较为迅速，在经济基础、人文环境、市场规模、竞争环境等方面优势明显，投资潜力较大；

挑战

地块位于城市新区，配套设施不完善，距离老城区较远，需要通过营造生态宜居的环境和具有竞争力的产品，才能吸引人们的目光。

## 规划难点

整个万科城属于限高下的高容积率、高绿地率的复合型社区，多层、洋房、叠拼、酒店、商业街以及商业综合体，分别位于项目的A、B、C、D、G、H等几个主要的地块，业态复杂，建筑形态多样，对设计的把控提出了很高的要求。

## 市场分析

从区域来看，扬州楼市西区版块因为环境等因素，十分受青睐，占扬州楼市的半壁江山。"京华城中城"、"郡王府天御"等几个楼盘的销售量客观。东区版块仅次于西区，"广陵世家"等楼盘销售较好。总体上还是西区的楼盘占据上风。

扬州目前的市场，小公寓、小户型很受欢迎，适合一些准备结婚或者在扬州工作需要安居的刚需户。

此外，经过严厉的楼市调控，扬州楼市的总体销量有所下滑。价格涨势显著放缓，买卖双方趋于理性，楼市步入平稳发展期。预计下半年的市场呈"两低一高"的走势，即销售量和房价指数将可能会在低位平稳运行，市场存量房源会继续走高。

整体来说，行情有急转而下的表现，陌生的市场更需要万科拿出优质的产品才能站稳脚跟。

## 定位策略

项目作为扬州万科第一个作品，打响品牌影响力是其主要诉求。项目希望树立万科塑城理念，融合扬州本土文化元素，从设计直至营销，都围绕"印象·扬州"的主线展开故事。

整体以""印象扬州"为规划理念，"新扬州风格"建筑、"扬州园林"景观为设计灵魂，将扬州的符号融入到小区的每个角落，客户可以在小区内就能感受到熟悉又新鲜的"扬州风"。

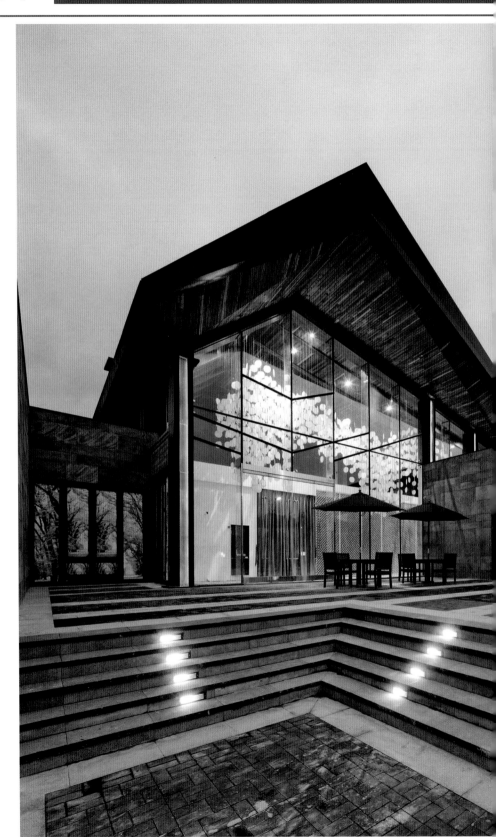

## 规划——借鉴扬州园林手法

设计中借鉴扬州园林的手法，将建筑与景观巧妙结合，建筑组团自然布局，错落有致。同时引入景观主轴与新中式的概念，结合当代社区的功能要求和特点，营造富有地域文化特色、绿色、宜居的居住空间和氛围。

具体在平面布置上，将产品排布灵活，强化组团概念，明确品质分区，提升了整体的楼盘品质。在交通组织上，精减车行线，降低了车行对社区及景观的影响，提升了社区品质。景观设计考虑了空间的收放，丰富了景观层次，绿化布局优化了邻里空间的设计，降低了组团间的干扰。

## 立面——新扬州风格

建筑中融入中国传统的建筑元素，在材料和尺度上更加亲切怡人。整体的立面以红砖饰面，立面上竖向以古典的三段式划分，底部以米色砖为基座，顶部为草原式坡屋顶。上下的进退在空间上形成相互交融的场景，居住其中，感受着不同的上下空间体验。表现出新时代的建筑精神。

### 材料——现代质感

项目在会所的设计中虽然融合了中国传统的木坡屋顶，但是它也结合了玻璃、洞石等现代材料，用现代质感、形式诠释扬州深厚的文化积淀。此外它还采用现代的金属屋面替换传统瓦屋面、方形木柱替换传统圆形木柱、玻璃幕墙替换传统门扇窗扇，在同样形式的继承下，有着不同感觉的时代特性的体现，是传承与变异的新写照。

二八零

### 环境——新扬州园林

项目继承了扬州园林的精致与优雅，在设计结合多重的考虑，有水时即为汀步，无水时即为广场。将扬州古典园林的手法，与现代建筑完美融合。

## 目标客群特征

**年龄**

30~50岁的新生力量有产阶层。

**职业**

扬州高收入企业经营管理高层、扬州私营业主、行政事业机构二次置业者、外地进杭的有产积极（包括私营业主和高收入专业人群）。

**文化**

在扬州的高文化层次人群、部分艰苦创业者。

## 户型

本项目在设计之初，就做好了区域和竞品的调研，做好产品的面积段划分，将其划分成90平方米（三室两厅一卫）、125平方米（三室两厅两卫）、143平方米（四室两厅两卫）三种面积段。项目严格按照此划分，每个面积段只出现一种户型，保证户型最优化，也避免了同一面积段产品的"自我竞争"。

为了提升自身的竞争力，本案在户型设置上，有着舒适的尺度和丰富的附送。宽景带电梯的情景洋房，增加了产品的空间趣味。每层都相应的赠送了院子、飘窗、阳台、露台、阁楼等部分。

## 做对产品：提升自身竞争力——舒适的尺度，丰富的附送

产品舒适度趣味性提升：
宽景带电梯情景洋房，提供居住舒适度与产品空间趣味。

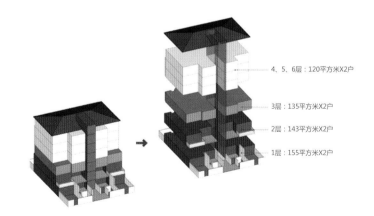

4、5、6层：120平方米X2户
3层：135平方米X2户
2层：143平方米X2户
1层：155平方米X2户

做好产品: 优化造型,控制成本

简化前效果图 简化后效果图

1. 取消该处进退,取消原方案保证进退的构造墙体,节约成本。

2. 窗由三扇改为两扇,增大玻璃面,提升视觉感受。

建筑整体以红砖饰面,立面上竖向以古典的三段式划分,底部以米色砖为基座,顶部为草原式坡屋顶。

上下的进退在空间上形成相互交融的场景,居住其中,感受着不同的上下空间体验。

取消该处挑檐,节约成本。

1. 原先的石材基座改为砖饰面。

2. 取消该处进退,取消原来方案保证进退构造墙体,节约成本。

取消该处挑檐，节省成本。

取消该处进退，取消原来窗间墙材质，节省成本。

**图书在版编目（CIP）数据**

神似意扬：万科的东方高端居住文化. 1 / 陈俊主编.—武汉 ： 华中科技大学出版社，2013.9
ISBN 978-7-5609-9413-0

I.①神…II.①陈…III. ①住宅－建筑设计 IV.①TU241

中国版本图书馆CIP数据核字(2013)第238252号


神似意扬: 万科的东方高端居住文化 I　　　　　　　　　　　　　　　　　　陈俊　主编

出版发行: 华中科技大学出版社（中国·武汉）
地　　址: 武汉市武昌珞喻路1037号（邮编: 430074）
出 版 人: 阮海洪

责任编辑: 张雪姣　　　　　　　　　　　　　　　　　　　　　　　责任监印: 张贵君
责任校对: 周海牧　　　　　　　　　　　　　　　　　　　　　　　装帧设计: M40

印　　刷: 深圳市新视线印务有限公司
开　　本: 889mm×1194mm　1/12
印　　张: 24
字　　数: 150千字
版　　次: 2014年1月第1版 第1次印刷
定　　价: 388.00元　（USD 77.99）

投稿热线: (027) 87545012　design_book_wh01@hustp.com
本书若有印刷质量问题，请向出版社营销中心调换
全国免费服务热线: 400-6679-118　竭诚为您服务